Brennschneiden

(Autogenes und elektrisches Schneiden)

Von

Hans A. Horn

Oberingenieur
Direktor der Schweißtechnischen Lehr- und Versuchsanstalt Berlin

Mit 174 Bildern

Springer-Verlag Berlin Heidelberg GmbH

ISBN 978-3-540-01550-5   ISBN 978-3-662-11280-9 (eBook)
DOI 10.1007/978-3-662-11280-9

Vorwort.

Wenn im reichhaltigen schweißtechnischen Schrifttum das Brennschneiden — man darf wohl sagen — als nebensächliches Fachgebiet behandelt und meistens nur mit wenigen Sätzen abgetan wird, so ist das in Anbetracht der technischen und wirtschaftlichen Bedeutung dieses Metallbearbeitungsverfahrens zweifellos als ein Mangel anzusehen. Um diese Lücke zu schließen und den an den Verfasser ergangenen Wünschen Rechnung zu tragen, erschien die Herausgabe des vorliegenden Buches gerechtfertigt.

Von dem Gedanken ausgehend, das Hauptgewicht auf die beim Brennschneiden sich abspielenden vielfältigen metallurgischen Vorgänge und auf die Technik des Schneidens und seine praktische Anwendung legen zu müssen, wurde der Beschreibung von Geräten, Maschinen und sonstigen Einrichtungen ganz allgemein nur soweit Raum gegeben, als es für das Verständnis der sachgemäßen und wirtschaftlichen Verfahrensanwendung unerlässlich ist. Dem Leser bleibt es daher belassen, sich des Prospektmaterials der Fachfirmen zu bedienen, um sich über Konstruktionseinzelheiten genauer zu unterrichten, die hier meist nur gestreift werden konnten. Auf die Wiedergabe zahlreicher und seitenfüllender Bilder wurde bewußt verzichtet. Hingegen wurden das Unterwasserschneiden sowie die in den letzten Jahren in Aufnahme gekommenen neueren Verfahren des Sauerstoff- und Fugenhobelns, des Pulver- und Betonschneidens und nicht zuletzt des elektrischen Schneidens mit Sauerstoff ausführlich behandelt.

An dieser Stelle Fachkollegen, den Oberingenieuren Herren PAUL KRUG und HELMUT LEHMANN-GREGOR für ihre Anregungen und bereitwillige Unterstützung durch Hergabe von Bildern und Erfahrenswerten aus Großbetrieben verbindlichen Dank abzustatten, ist mir eine angenehme Pflicht.

Auch dem Springer-Verlag sage ich besten Dank für das kurzfristige Erscheinen und für die Sorgfalt, die er der ansprechenden Ausstattung dieses Buches zugewendet hat.

Möge die vorliegende Arbeit viele Freunde und in Fachkreisen gute Aufnahme finden.

Berlin, im Januar 1951.

Hans A. Horn

Inhaltsverzeichnis.

A. Grundsätzliches über das Brennschneiden.

1. Geschichtliches.

Die Frage, wer das Recht für sich in Anspruch nehmen kann und darf, das autogene Schneidverfahren erstmalig in der Praxis ausgeübt zu haben, hat vor allem in patentrechtlicher Hinsicht zu langwierigen und heftigen Auseinandersetzungen geführt und ist offenbar z. T. auch heute noch ungeklärt. Hingegen kann als sicher gelten, daß die Vorläufer des Brennschneidens reine Abschmelzmethoden waren, die darauf beruhten, mit der Wasserstoff-Sauerstoff-Flamme örtlich erhitzten Werkstoff durchzuschmelzen, eine Arbeitsweise, die einen unverhältnismäßig höheren Zeit- und Betriebsstoffaufwand erforderte als das heute als klassisch zu bezeichnende normale Brennschneiden. Die Schneid-, richtiger die Durchschmelzzeit und der Gasverbrauch beliefen sich bei Stahlblechdicken von 2—10 mm auf mindestens das 3—7fache, ganz abgesehen davon, daß dickere Bleche auf diese Weise nicht geschnitten werden können und — fertigungstechnisch betrachtet — die sehr unsauberen Trennflächen unbrauchbar sind. Einen grundlegenden Wandel brachten die nunmehr längst abgelaufenen DRP 137588 und insbesondere das Zusatzpatent 143640, die erstmalig den Weg wiesen, wie durch Erhitzen eines Stahlstückes auf seine Entzündungstemperatur mit einer Brenngas-Sauerstoff-Flamme und folgendes Aufblasen hochgespannten, möglichst chemisch reinen Sauerstoffs eine Trennung des Werkstoffs durch Oxydation herbeigeführt werden kann.

Das Verdienst, diese Erscheinung auf eine praktisch brauchbare Basis gebracht zu haben, gebührt Dr. MENNE, einem 1927 verstorbenen Chemiker der Köln-Müsener Bergwerks-A.G. in Kreuztal bei Siegen. Der Erfinder wird sich wohl kaum darüber im klaren gewesen sein, welche Weltbedeutung sein ursprünglich nur für einen Sonderfall gedachtes Verfahren zu erreichen berufen war. Zur Überwindung der seinerzeit in Hüttenbetrieben beim Öffnen im Rohgang „eingefrorener" Abstichlöcher an Hochöfen täglich aufgetretenen Schwierigkeiten und zur Beseitigung von Ofenansätzen an Kupol- und anderen metallurgischen Öfen, wandte MENNE erstmalig 1901 die Wasserstoff-Sauerstoff-Flamme an. Bis dahin wurden die den Hochofen gefährdenden zugefrorenen Abstichöffnungen durch ebenso zeitraubendes wie mühsames Aufmeißeln, später auch durch Anschmelzen mit dem Kohlelichtbogen freigelegt. Dieses an sich einfache Verfahren des Aufschmelzens mit einer Flamme und erhöhtem Sauerstoffdruck eroberte sich in denkbar kürzester Zeit alle Hochofenbetriebe der Erde. Es beruht auf folgendem Vorgang:

In eine aus zwei konzentrisch ineinander angeordneten Rohren bestehende sog. Sauerstofflanze (Bild 1) wird durch das äußere Rohr a verdichteter Wasserstoff, durch das Innenrohr b verdichteter Sauerstoff geleitet und die Knallgasstichflamme des Gasgemisches so lange auf den Stichlochpfropfen des Hochofens einwirken gelassen, bis dieser weißglühend geworden ist. Wird darauf der Sauerstoffdruck im Schneidrohr durch entsprechende Einstellung des Druckminderers an der Stahlflasche erhöht, dann tritt eine intensive und rasch verlaufende Verbrennung des Eisens ein, das unter heftigem, hellglühenden Sprühregen nach außen geschleudert wird und nach kurzer Zeit die Abstichöffnung freilegt. Bild 2 veranschaulicht diesen Vorgang und die für den Arbeiter zweckmäßige Asbestschutzkleidung.

Bild 1. Schematische Darstellung des Aufschmelzens eines Hochofenabstichs.

Bild 2. Sauerstofflanze im Betrieb.

Das erwähnte Patent 137588, sowie das Zusatzpatent 143640 und andere wechselten Ende 1906 ihre Eigentümer und gingen in den Besitz der Chemischen Fabrik Griesheim-Elektron (der späteren I. G.-Farben) über. Hier war es das Verdienst des 1945 verschiedenen Ingenieurs und nachmaligen Direktors Dr. WISS, die — man darf wohl sagen — unbegrenzten Möglichkeiten dieses neuen wichtigen Metall-

Bearbeitungsverfahrens rechtzeitig erkannt und zur Entwicklung des Brennschneidens wie auch der Schneidgeräte und -maschinen bahnbrechend beigetragen zu haben. Ebenfalls um die Jahrhundertwende (1905) erhielt auch die Deutsche Oxhydric (Düsseldorf) einige Schneidpatente, die sich, soweit es die Brennerkonstruktionen anlangt, von den vorigen im wesentlichen dadurch unterschieden, daß Wiss zentrale und die Oxhydric hintereinander angeordnete Düsen verwendete.

Es bedeutet für die Würdigung der Verdienste Mennes keinen Abbruch, wenn vorhin davon gesprochen wurde, der Erfinder habe den umfassenden Wert seines Verfahrens in der Tat nicht vorauszusehen vermocht. Menne war der Meinung, daß nach anfänglichem Vorheizen der aufzubohrenden Stelle ein fortlaufendes Unterhalten der Flamme unnötig und der Brennvorgang auch ohne diese aufrechterhalten werden könne. Erfahrungsgemäß ist dies, wie später noch gezeigt werden soll, bei *Trennschnitten* jedoch unmöglich.

Sowohl für die Entwicklung von Schneidgeräten wie für die Ausübung des Brennschneidens waren die damaligen Patente, worauf heute hingewiesen werden darf, außerordentlich hemmend, da es nicht allein um *Konstruktions*patente, sondern hauptsächlich um *Verfahrens*patente ging, die nicht nur den Erwerb eines Schneidgerätes, sondern auch die Ausübung des Verfahrens an nicht gerade mäßige Lizenzbeträge banden.

Ein Überblick über die Geburtsstunde des Brennschneidens und seine anfänglichen Entwicklungsstadien wäre unvollständig, würde man nicht auch überraschender Ereignisse gedenken, die seinerzeit international großes Aufsehen erregten: Tresoreinbrüche unter Verwendung von Schneidgeräten! Wie sich Verbrecher stets der für ihre dunklen Zwecke als brauchbar erkannten technischen Neuerungen unverzüglich bedienen, wurde ihnen auch mit der Erfindung des Brennschneidens ein höchst willkommenes Hilfsmittel für Tresoreinbrüche in die Hand gespielt. Einige bereits um die Jahrhundertwende mit dem Schneidgerät bewerkstelligte Tresorberaubungen brachten den Verbrechern recht lohnende Beute, was sofort zur konstruktiven Umgestaltung der Stahltresore und zu solch wirksamen Gegenmaßnahmen Anlaß gab, daß die Gefahr des Aufschneidens von Geldschränken auf ein geringes Maß gebracht wurde und alle heutzutage unternommenen, auf dem „Schneiden" fußenden Einbruchsversuche, im Keime erstickt werden und deshalb für die Bankräuber ein ebenso gewagtes wie aussichtsloses Unternehmen darstellen.

2. Wesen des Brennschneidens.

Das Autogen- oder Brennschneiden setzt sich aus drei verschiedenen Vorgängen zusammen, und zwar sind diese:

a) Vorheizen des Stahlkörpers auf die — weit unterhalb des Schmelzpunktes des Stahles liegende — Verbrennungstemperatur,

b) Verbrennen des Stahles im Sauerstoffstrom und

c) Ausstoßen des verbrannten Stahles aus der Schnitt- oder Trennfuge.

Es lassen sich demnach im wesentlichen drei zeitlich nacheinander ablaufende, sich teilweise überschneidende Phasen unterscheiden, wovon die erste und dritte physikalischer, die zweite chemischer Natur ist. Seinen elementaren Ursprung hat das vorerst als „Trennen" und später als „Brennschneiden" bezeichnete Verfahren in dem bekannten Schulexperiment, bei dem eine am einen Ende erhitzte stählerne Spiral- oder Uhrfeder in einem mit reinem Sauerstoff gefüllten Glasgefäß unter Funkensprühen rasch verbrennt. Der wesentliche und grundsätzliche Unterschied zwischen dem soeben geschilderten Versuch und dem Brennschneiden liegt darin, daß beim Brennschneiden nur ganz bestimmte, nämlich innerhalb einer gewünschten Trennfuge gelegene Metallteile verbrannt werden. Zur Zeit der Erfindung des Schneidens war das In-die-Tat-umsetzen dieses Gedankens durchaus nicht so naheliegend wie es heute erscheinen mag. Der Trennschnitt wird dadurch bewerkstelligt, daß ein kompakter Strahl verdichteten reinen Sauerstoffs auf eine *örtlich* auf Entzündungstemperatur des Stahles gebrachte Kante geblasen und in der Schnittrichtung bewegt wird. Das zur Ausübung des Verfahrens benutzte Gerät wird mit „Schneidbrenner" bezeichnet.

Die bei Weißglut gelegene Entzündungstemperatur des Eisens beträgt nach Versuchen von WÜST für reines Eisen etwa 1050° C, wächst mit dem Kohlenstoffgehalt und liegt im Mittel in der Gegend von 1250° C, bei 2,25 % Kohlenstoff an der oberen Schmelzgrenze (1375° C) und bei 3,3 % (Gußeisen) bestimmt oberhalb der Schmelztemperatur. Verglichen mit der beim vollkommenen Verbrennen von Wasserstoff erreichbaren Wärmemenge, liegt die bei der Eisenoxydation im Sauerstoffstrom erreichte um etwa das 5000fache höher. Es entwickeln also:

$$1000 \text{ cm}^3 \text{ Wasserstoff } 2,5 \text{ Kcal,}$$
$$1000 \text{ cm}^3 \text{ Eisen dagegen } 12900 \text{ Kcal.}$$

Diese ungeheure Wärmemenge, die innerhalb der verhältnismäßig engen Schnittfuge mit sehr hoher Geschwindigkeit frei wird, ermöglicht überhaupt erst das Verfahren. Die Heizflamme hat eine andere Bedeutung als ihr meistens beigemessen wird. Sie leitet den Trennvorgang ein, indem sie die Anschnittstelle vorwärmt — daher auch der Name Vorwärmflamme —, sie unterhält den Schneidvorgang durch Vorwärmen der Blechoberfläche, damit der Sauerstoffstrahl eine Angriffsmöglichkeit hat und sie ersetzt die unvermeidlichen Wärmeverluste, die beim Verbrennen des Eisens durch Abwandern der Wärme in den Werkstoff und durch Abstrahlung entstehen. Die Vorwärmflamme liefert daher nur einen kleinen Ausgleichsbeitrag zu der oben erwähnten, beim Verbrennen des Eisens freiwerdenden erheblichen Wärmemenge, die an sich für die Fortführung des Schnittes ausreichen würde.

Der aus der Schnittfuge durch die lebendige Kraft des Schneidsauerstoffs herausgeschleuderte Abbrand, d. h. die Schlacke, hat einen Schmelzpunkt von angenähert 1390° C. Die Schlacke besteht nicht aus einer einheitlichen chemischen Verbindung, sondern in Abhängigkeit von den Schneidbedingungen aus einem Gemisch von etwa 60 % Eisenoxydul (FeO), 25—45 % Eisenoxyd (Fe_2O_3) und 5—20 % Eisen (Fe).

3. Schneidbarkeit der Metalle.

Um autogen schneidbar zu sein, müssen die Metalle folgende Bedingungen erfüllen:

a) Das auf seine Entzündungstemperatur erhitzte Metall muß im Sauerstoffstrom verbrennbar sein.

b) Die Entzündungstemperatur des Metalls muß merklich unterhalb seines Schmelzpunktes liegen, d. h. es muß verbrannt werden können, bevor es flüssig wird.

c) Der Schmelzpunkt der Oxyde muß niedriger sein als die Verbrennungstemperatur des Metalls, d. h. das Metall muß ein leichtflüssiges Oxyd bilden, das sich durch den Sauerstoffstrahl aus der Schnittfuge austreiben läßt.

Leider erfüllen diese Forderung nur sehr wenige Metalle; streng genommen trifft dies überhaupt nur für Stahl zu. Von den in der Tabelle 1 aufgeführten Metallen weist nur Eisen einen höheren Schmelzpunkt auf als sein Oxyd.

d) Die Verbrennungswärme des Metalls muß möglichst groß, die Wärmeleitfähigkeit möglichst gering sein.

Tabelle 1. Schmelzpunkte einiger Metalle und ihrer Oxyde.

Art des Metalls und seines Oxyds	Schmelzpunkt in °C	Art des Metalls und seines Oxyds	Schmelzpunkt in °C
Eisen (Fe)	1528[1]	Chrom (Cr)	1830
FeO, Eisenoxydul . . .	1370	Cr_2O_3, Chromoxyd	2275
Fe_3O_4, Eisenoxyduloxyd .	1525		
Fe_2O_3, Eisenoxyd . . .	1560	Nickel (Ni)	1452
Kupfer (Cu)	1083	NiO, Nickeloxyd	1985
Cu_2O, Kupferoxydul . .	1230		
CuO, Kupferoxyd . . .	1150	Mangan (Mn)	1250
		MnO, Manganoxyd (Manganoxydul)	1785
Aluminium (Al)	658		
Al_2O_3, Aluminiumoxyd .	2050	Mn_3O_4, Manganoxyduloxyd	1560

[1] Für reines, C-freies Fe. Bei 1,7% C-Gehalt liegt der Schmelzpunkt bei 1400 ° C, bei 2% C bereits bei 1370° C.

Aus dem Voraufgegangenen läßt sich unschwer der Schluß ziehen, daß nur Stahl sowie einige legierte Stähle, Stahlguß und Temperguß schneidbar sind, während sich Gußeisen, Kupfer, Aluminium und andere Metalle und Metallegierungen im Sinne des klassischen Brennschneidverfahrens nicht trennen lassen. Auf welche Art und mit welchen Hilfsmaßnahmen die Möglichkeit des Schneidens auch anderer Metalle gegeben ist, wird später noch erörtert.

4. Anwendbarkeit des Brennschneidens.

Etwa um 1906 hat das Brennschneiden eine außerordentliche Ausbreitung über die ganze Erde gefunden und als der viel angefeindete Patentschutz erlosch, wurde es auch in Deutschland Allgemeingut.

Beschränkt man sich zunächst auf Stahl und Stahlguß, dann ist festzustellen, daß praktisch alle vorkommenden Werkstoffdicken schneidbar sind. Normalerweise werden Werkstoffe von 5—300 mm geschnitten, doch gestattet die Verwendung von Sonderbrennern auch das Schneiden weit dünnerer (bis zu 0,5 mm) und wesentlich dickerer (bis zu 1000 mm und darüber) Werkstücke, wobei die Form des Stahlkörpers (Blech, Formstahl, Rohr), abgesehen von Wellen großen Durchmessers, keine besonderen Schwierigkeiten verursacht. Es ist deshalb kein Wunder, wenn sich die Ausübung des Brennschneidens in Industrie und Handwerk rasch und stetig gesteigert hat. Mit Hilfe des Schneidbrenners werden heute fast alle Vorbereitungsarbeiten an autogen und elektrisch zu schweißenden Blechkanten durchgeführt. Es werden auf diese Weise Profile, Gehrungen, Löcher, Ausnehmungen, Kurven und Kröpfungen geschnitten; verlorene Köpfe und Gießtrichter an Stahlguß, Wellen, Nietköpfe usw. werden ab- und Nietschäfte ausgebrannt, und man schneidet auch unter Wasser. In der Massenfertigung wird der Schneidbrenner zur Herstellung von Stahlteilen, die früher gebohrt, gefräst, gehobelt oder sonstwie mit spanabhebenden Werkzeugen bearbeitet oder im Gesenk geschmiedet wurden, benutzt, z. B. zur Anfertigung von Klinken, Hebeln, Zahnstangen, Kurbelwellen, Ventiltellern und unzähligen anderen Werkstücken. Häufig werden Blechpakete (Blechstapel) nach Schablonen oder Zeichnungen geschnitten u. a. Im Kunsthandwerk werden Ornamente und Gitter, z. B. Kamingitter, Buchstaben für Schilder usw. mit dem Schneidbrenner hergestellt. Ferner findet das Verfahren auch außerhalb der Fertigung weitgehend Anwendung bei der Zerlegung von Kesseln, Rohren, Lokomotiven, bei der Entfernung von Stahlkonstruktionen, wie Brücken, Hochbauten, Spundwänden, und bei Verschrottungsarbeiten aller Art an gewalzten und gegossenem Stahl, wobei es dann weniger auf sauberes als auf schnelles und wirtschaftliches Arbeiten ankommt.

5. Schnittarten.

Im Entwurf der DIN 2310 sind drei Schnittbezeichnungen vorgesehen, und zwar der *Trenn*schnitt, der *Glatt*schnitt und der *Maß*schnitt, wofür analog den Sinnbildern für Schweißnähte die in Bild 3 skizzierten Kennzeichen vorgeschlagen werden. Während an das Aus-

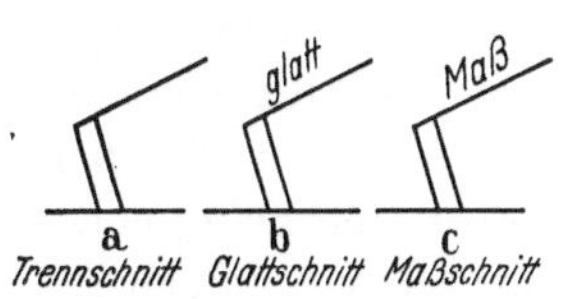

Bild 3. Sinnbilder für Brennschnitte.

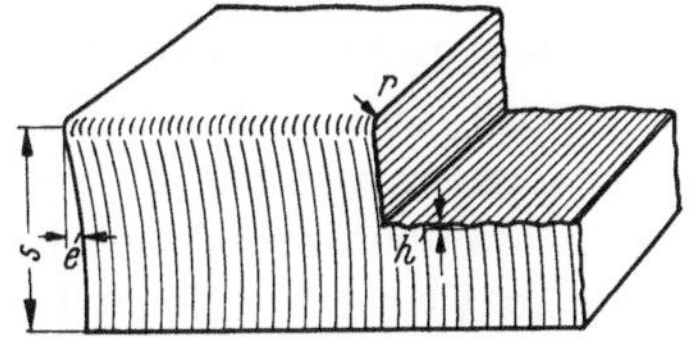

Bild 4. Zur Güteanforderung an Brennschnittflächen nach DIN E 2310.

sehen und die Genauigkeit der Flächen des meist von Hand ausgeführten Trennschnitts keine besonderen Anforderungen gestellt werden, sind für Glatt- und Maßschnitte die in Tabelle 2 zu Bild 4 angegebenen Gütewerte erforderlich, die im Regelfalle nur als Maschinenschnitte erzielbar sind.

Tabelle 2. Güteanforderung an Brennschnitte.

Schnittart	r	h	e	Zulässige Maßabweichungen bei Schnittflächen			
				bis 100	über 100 bis 500	über 500 bis 1000	über 1000
Glattschnitt	$0,1 + 0,03\,s$	$0,1 + 0,01\,s$	$0,1 + 0,02\,s$	—	—	—	—
Maßschnitt	$0,1 + 0,03\,s$	$0,1 + 0,01\,s$	$0,1 + 0,02\,s$	$\pm\,0,5$	$\pm\,1$	$\pm\,1,5$	$\pm\,2,0$

Es steht zu erwarten, daß diese ersten Normen, die den heutigen Anforderungen an den Brennschnitt nicht gerecht werden, demnächst eine Überarbeitung erfahren.

B. Die Schneideinrichtungen.

1. Schneidanlagen.

Allgemeines. Zur Brennschneidanlage gehören außer einem Schneidbrenner oder einer Schneidmaschine als Betriebsstoffe Sauerstoff und Brenngas, ein oder zwei Druckminderer und Gummischläuche für die Verbindung zwischen den Druckminderern bzw. den Gasquellen und dem eigentlichen Schneidgerät, dem Schneidbrenner. Auf diese Armaturen hier näher einzugehen, kann im Hinblick auf das hierüber vorhandene reichhaltige Fachschrifttum[1] verzichtet werden. Die Kenntnis der

---

[1] Ausführliches siehe: SCHIMPKE-HORN,: Handbuch der gesamten Schweißtechnik Bd. I, 4. Aufl. Berlin/Göttingen/Heidelberg: Springer 1948.

Bau- und Arbeitsweise solcher Geräte muß — abgesehen vom Schneidbrenner — im folgenden vorausgesetzt werden.

Gasquellen. An erster Stelle ist der stets erforderliche *Sauerstoff* zu nennen, der von möglichst hoher chemischer Reinheit sein muß und normalen Stahlflaschen (mit 40 l Wasserinhalt und auf 150 atü verdichtet, 6 cbm Gasinhalt) entnommen wird. Bei großem Sauerstoffbedarf, beispielsweise beim Schneiden dicker Werkstücke und beim Unterwasserschneiden, wird eine entsprechende Anzahl Stahlflaschen zu einer *Batterie* zusammengeschlossen, derart, daß 2, 3 oder 4 Flaschen durch Spiral- oder Trompetenrohre unmittelbar unter sich gekoppelt werden oder weit mehr Flaschen (bis zu 100) eine mit einer Sammelrohrleitung verbundene Batterie bilden. Den Einzelflaschen wie auch der Batterie wird das Sauerstoffgas über Einzel- oder Zentraldruckminderer entnommen und durch Schläuche dem Schneidbrenner zugeleitet.

Der im Verhältnis zum Sauerstoffbedarf immer geringere Bedarf an *Brenngas* für die Heizflamme kann auf drei verschiedene Arten gedeckt werden: aus einem Rohrnetz, aus Azetylenentwicklern oder aus Stahlflaschen. Da für die Heizflamme des Schneidbrenners auch solche Brenngase brauchbar sind, die sich für Autogen*schweiß*zwecke wenig oder gar nicht eignen, kommen hier neben dem meist benutzten Azetylen auch Wasserstoff, Leuchtgas, Propan u. a. in Frage.

Azetylen kann entweder in sog. Werkstatt-Entwicklern (J-Entwicklern) selbst erzeugt oder in Stahlflaschen verdichtet, wie Sauerstoff, von Azetylen-Füllwerken bezogen werden. In ortsfesten Großentwickleranlagen (S-Entwicklern) selbst erzeugtes Azetylen wird dem Schneidgerät über Rohrleitungen zugeführt. Bei Verwendung selbsterzeugten Azetylens — gleich welcher Druckstufe — muß *jedem* Schneidgerät eine Sicherheitsvorlage (Wasservorlage) vorgeschaltet werden; Ausnahmen gibt es nicht. Diese Flammenrückschlagsicherung entfällt bei Flaschenazetylen, sofern das Gas unmittelbar über einen Druckminderer entnommen wird. Bekanntlich enthalten Azetylenflaschen in Azeton gelöstes und in einer porösen Masse verteiltes, auf 15 atü verdichtetes Gas (Dissousgas) mit einer Füllung von bis etwa 6 cbm, entsprechend rund 6 kg Gas.

Wasserstoff wird, wie Sauerstoff, in Stahlflaschen auf 150 atü verdichtet, über einen Druckminderer entnommen.

Leuchtgas (Steinkohlen- oder Stadtgas) wird in der Regel dem Stadt-, bzw. Betriebsrohrnetz über eine zwischengeschaltete Wasservorlage, seltener in verdichteter Form Stahlflaschen entnommen.

Propan scheint sich auf Grund der neuesten Erkenntnisse als Heizgas für Schneidzwecke besonders gut zu eignen, weshalb es gegenwärtig gern benutzt wird. Hiervon ist noch weiter die Rede.

Auch andere, verschieden hoch gespannte Flüssiggase — die für Schneidzwecke weniger häufig vorkommen — werden wie Propan und die übrigen Druckgase über einen Druckminderer mit dem Schneidbrenner verbunden. In Bild 5 sind die verschiedenen Brenngasquellen in schematischer Darstellung nebeneinander angeordnet. Die Pfeile weisen auf die Schlauchanschlüsse an den Schneidbrennertüllen hin. Bei I ist ein beweglicher Azetylen-Hochdruckentwickler mit Druckregler und Wasservorlage und bei II ist die an das Leitungsnetz einer ortsfesten *Azetylen*anlage angeschlossene Wasservorlage angenommen. III zeigt die an das *Leuchtgas*rohrnetz angeschlossene Wasservorlage. An Stelle von I bis III

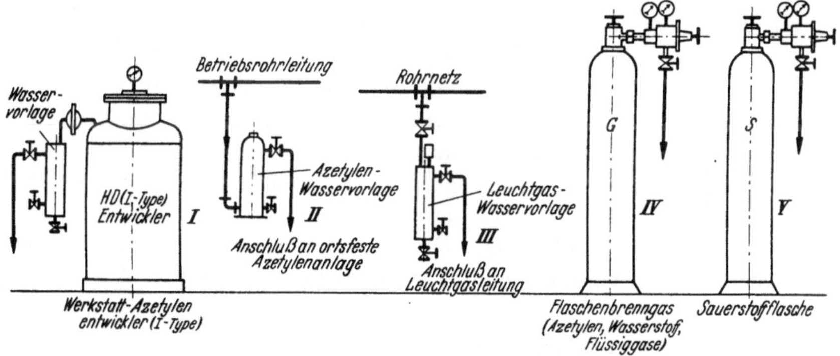

Bild 5. Gasquellen für Schneidbrennerbetrieb.

können die verdichteten, gelösten oder verflüssigten Brenngase, wie Wasserstoff, Azetylen, Propan u. a. aus Stahlflaschen IV entnommen werden. Schließlich zeigt V die immer erforderliche Sauerstoffflasche.

Auf die Zweckmäßigkeit und Wirtschaftlichkeit sowie auf die Vor- und Nachteile bei der Verwendung des einen oder anderen Brenngases zum Schneiden wird später noch näher eingegangen.

Druckminderer. Diese haben bekanntlich die Aufgabe, den hohen Flascheninhaltsdruck verdichteter oder verflüssigter Gase auf den jeweils erforderlichen Betriebsdruck herabzumindern und diesen während der Arbeitsdauer möglichst konstant zu halten. Ganz allgemein sind beim Schneiden von Werkstoffdicken bis zu 300 mm die Einrichtungen und Durchgangsbohrungen der beim Schweißen verwendeten Druckmindererbauarten ausreichend. Für darüber hinausgehende Schnittdicken sind, allerdings nur für Sauerstoff, meist schwerere Ventilbauarten mit höheren Durchgangsleistungen notwendig, die außerdem ein infolge der starken Entspannungskälte auftretendes vorzeitiges Einfrieren verhüten. Die Druckminderer für Brenngase können ausnahmlos die gleichen sein wie beim Schweißen.

Gasschläuche. Da die Schlauchtüllenanschlüsse der Druckminderer und der Schweiß- und Schneidbrenner genormt sind (DIN E 8542), passen die Autogenschläuche auch auf alle Schneidarmaturen. Sauerstoff-Schläuche von blauer oder schwarzer Farbe mit 4, 6 oder 9 mm l. W. werden nach DIN E 8541 einem Prüfdruck von 40 atü, Brenngasschläuche von 4, 6, 9 und 11 mm l. W., Kennfarbe rot, einem solchen von 15 atü unterworfen. Demnach können die für Schweißzwecke benutzten Autogenschläuche ohne weiteres auch für Schneidarbeiten Verwendung finden.

2. Schneidbrenner.

Kommt es auf saubere, gleichmäßige Schnittausbildung nicht an, dann kann notfalls, z. B. auf Montage, auch ein Azetylen-*Schweiß*brenner als Trenngerät benutzt werden. Nach Erhitzen der Schnittansatzstelle wird die Brenngaszufuhr gedrosselt und der Sauerstoffdruck erhöht. Wird der Brennvorgang irgendwie unterbrochen, dann erhitzt man nochmals mit neutral eingestellter Flamme und wiederholt das erwähnte Spiel so oft, wie es die Trennfugenlänge erfordert. Zeit- und Betriebsstoffaufwand betragen hierbei naturgemäß ein Vielfaches dessen, was mit einem Schneidgerät erzielbar ist. Die obere Grenze dieser nur im äußersten Notfalle vertretbaren Arbeitsweise liegt bei etwa 10 mm Werkstoffdicke.

a) Einrichtung der Schneidbrenner.

Grundformen. Der Schneidbrenner ist, praktisch gesehen, nichts anderes als die zusätzliche Ausgestaltung eines Schweißbrenners mit einem Rohr für den Schneidsauerstoff. Bringt man das Gerät auf die einfachste schematische Form, dann kommt man zu den Darstellungen I—III des Bildes 6. Der untere Teil von I besteht aus einem Schweißbrenner, dessen Einzelteile sind: die Schlauchanschlußtüllen l und l_1 für Sauerstoff und Brenngas, die dazugehörigen Anschluß- bzw. Regelorgane, die Ventile a und b, die Injektordüse e, die Saugdüse f, das Mischrohr g und die Heizdüse h. Wird an einer bestimmten, von der Brennerkonstruktion abhängigen Stelle das Sauerstoffrohr z. B. bei c angezapft und durch ein besonderes Rohr i Sauerstoff, am Ventil d geregelt, der der Heizdüse h vorgelagerten Schneiddüse k zugeleitet, dann ist dies ein sog. *Zweischlauch*-Schneidbrenner. Aus ihm wird ein *Dreischlauch*-Schneidbrenner, wenn, wie in II skizziert, das Rohr i nicht an das auch den Heizsauerstoff führende Rohr angeschlossen, sondern über die Tülle l_2 für sich mit Sauerstoff versorgt wird. Sowohl I wie II sind demnach Schneidgeräte mit hintereinander angeordneten, also getrennten Düsen, die das Schneiden nur in einer durch Pfeil angedeuteten Richtung gestatten.

Läßt man den durch das Rohr i strömenden Schneidsauerstoff in der Mitte der Heizdüse c, Fall III, austreten, dann hat man es mit einem konzentrischen, Zentral- oder Ringdüsenbrenner zu tun. Mit solchen Brennern kann in jeder beliebigen Richtung geschnitten werden. Macht man auch hier, wie im Falle II, das Sauerstoffrohr i vom Heizbrenner unabhängig, so entsteht wiederum ein Dreischlauch-Brenner, dessen Darstellung als Fall IV sich erübrigen dürfte.

Handschneidgeräte werden meistens als Zweischlauchbrenner ausgeführt, unabhängig von der Brenngas- und Düsenart. Vorteile sind: der Fortfall des die Brennerführung erschwerenden dritten Schlauches, die

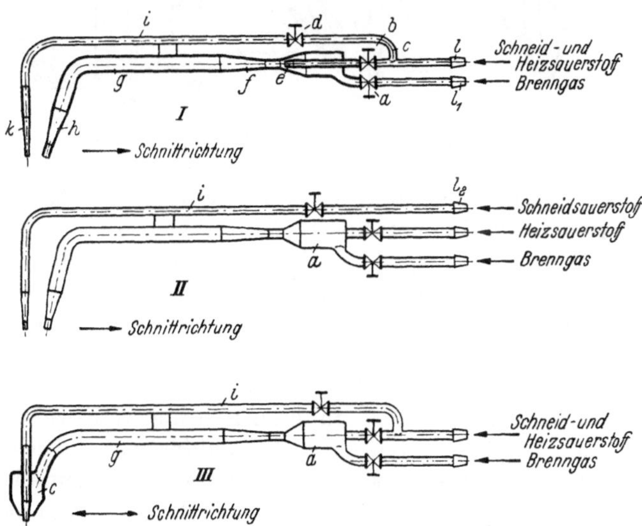

Bild 6. Schneidbrenner-Grundformen.

Möglichkeit, den Schweißeinsatz des Brenners gegen einen Schneideinsatz auswechseln und mit demselben Griffrohr ohne Austausch der Schläuche arbeiten zu können. Gegenüber dem Dreischlauchbrenner besitzt er jedoch den Nachteil, daß durch die gemeinsame Zuführung des Heizsauerstoffs und des nach Menge und Druck erheblich höher liegenden Schneidsauerstoffs die Stabilität der Heizflamme ungünstig beeinflußt wird. Man nimmt diesen Mangel jedoch in Kauf und versucht, ihn durch sinnvolle Brennerkonstruktionen einzuschränken. Maschinell geführte Schneidbrenner und Handschneidgeräte für Schnittdicken über 300 mm werden fast immer mit Dreischlauchanschlüssen, d. h. mit einem besonderen Schneidsauerstoffanschluß ausgestattet. Dies gilt auch für alle Unterwasserschneidgeräte.

Düsenanordnung. Nach der Beschaffenheit und Anordnung der Heiz- und Schneiddüsen hat man drei Schneidbrennerarten (Bild 7) zu unterscheiden:

1. Brenner mit ineinanderliegenden Düsen, Ring-, Zentral- oder konzentrischer (Ringstrahl-) Düse I,

2. Brenner mit getrennten, hintereinanderliegenden Düsen II,

3. Brenner mit Stufendüse III.

Wägt man die Anordnung dieser drei Düsenarten untereinander ab, dann gelangt man zu dem Ergebnis, daß die Bauform I trotz ihr anhaf-

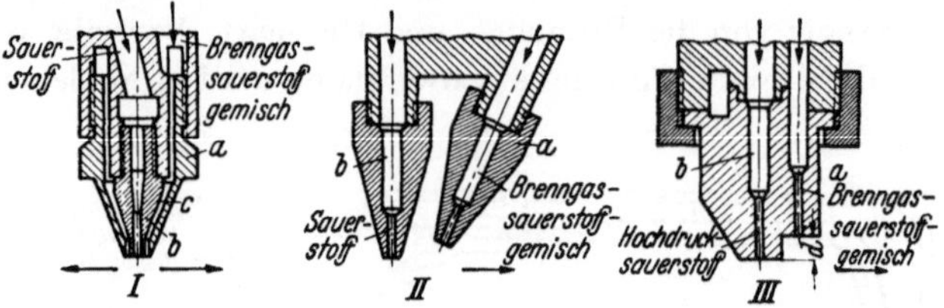

Bild 7. Anordnung der Schneiddüsen.

tender, z. T. empfindlicher Mängel heute weitaus am üblichsten ist und, genau genommen, nur den Vorteil aufzuweisen hat, daß sie das Schneiden in beliebiger Richtung ermöglicht. In denselben Brennerkopf werden Heizdüse a und Schneiddüse b zentrisch zueinander eingeschraubt, so daß der Schneidsauerstoffstrahl in der Mitte der hierbei ringförmigen Heizflamme austritt. Heiz- und Schneiddüse bilden demnach den Ringraum c für die Heizflamme. Da für das Schneiden der verschiedenen Werkstoffdicken auch verschiedene — in ihren Bohrungsverhältnissen untereinander abweichende — Heiz- und Schneiddüsen (der Kürze halber von jetzt ab mit H-Düse bzw. S-Düse bezeichnet) erforderlich sind, geht — bedingt durch den häufigen Düsenwechsel wie auch durch den Gebrauch des Geräts an sich — die für die Herstellung sauberer Schnittflächen erforderliche Zentrizität der Düsen mit der Zeit verloren. Die mit dem Ausrichten der S-Düse verknüpften Schwierigkeiten führen in den seltensten Fällen zum Erfolge, vielmehr wird meistens eine Exzentrizität zurückbleiben, die folgende Nachteile hat. Auf die Ausströmungsfläche der Düsen gesehen (Bild 8) soll der mittig ausströmende Schneidsauerstoffstrahl a (in I) von einem parallelen, d. h. konzentrischen Ringband der Heizflamme b umgeben sein, damit der Schneidsauerstoffstrahl immer auf gleichmäßig vorgeheizte Werkstoffkanten trifft

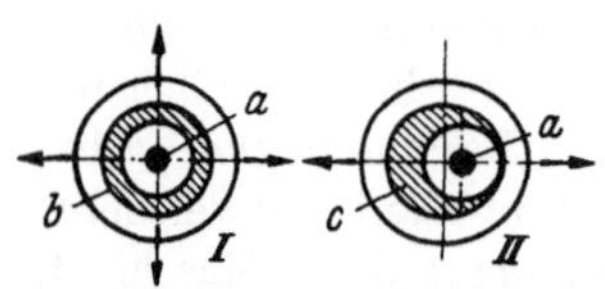

Bild 8. Richtige und falsche Düseneinstellung.

und der Brenner in jeder beliebigen Richtung bewegt werden kann. Beim Ringdüsenbrenner wird stets nur ein Teil, etwa $1/_3$ der Flamme zum Vorwärmen ausgenutzt. Sitzt nun die S-Düse schief, d. h. außermittig zur H-Düse, dann wird in nicht gerade seltenen Extremfällen die Ringflamme die Gestalt eines Meniskus c annehmen. Hierdurch ergibt sich nicht allein eine in ihrer Stabilität recht ungünstig beeinflußte und deshalb häufig zurückschlagende, sondern auch so stark verformte Heizflamme, daß unscharfe Schnittkanten unvermeidlich sind. Wird z. B. der Brenner nach rechts bewegt (Bild 8), dann findet eine nur ungenügende Erhitzung des Schnittansatzes statt und dem Schneidstrahl folgt ein annormal großes Flammenvolumen, das die Kanten der bereits geschnittenen Fuge erheblich anschmilzt und hierdurch aus dem Werkstück u. U. Ausschuß macht. Nach links bewegt, wird eine viel zu große Heizflamme des Brenners wirksam. Auf die mit diesen Mängeln verknüpften Schnittfehler wird noch weiter unten näher eingegangen.

Ineinanderliegende Düsen, nach Bild 7 I, werden bei Schneidmaschinen deshalb fast ausschließlich bevorzugt, weil sie kleinkurvenförmigen Schnittlinien, besonders auch an scharfen Ecken, genauer folgen können als hintereinanderliegende Düsen.

Um die zentrale Stellung der S-Düse zu sichern, ist die in Bild 9 skizzierte Siebdüse entstanden, die sich von den soeben erwähnten normalen Düsen durch die Zusammenfassung von H- und S-Düsen in einem gemeinsamen Stück c unterscheiden. An die Stelle der Ringflamme tritt eine Anzahl auf der Düsengrundfläche symmetrisch verteilter zylindrischer Stichflammen b, deren Stellung zur S-Düsenbohrung a also festliegt.

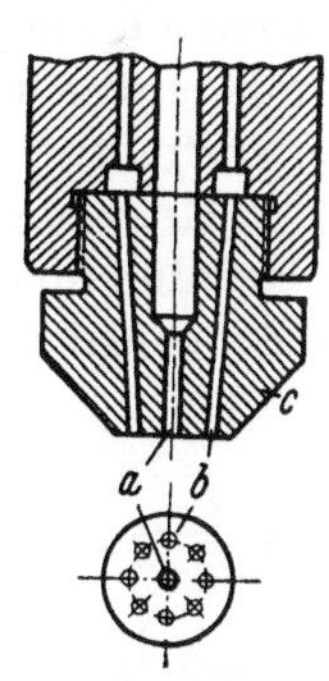

Bild 9. Siebdüsenform für Zentraldüsen-Schneidbrenner.

Bild 7 veranschaulicht bei II die Anordnung getrennter, hintereinanderliegender Düsen, bei der H-Düse a und S-Düse b spitzwinklig zueinander stehen, um die Heizflamme, die hier immer die Form einer normalen Schweißflamme hat, möglichst nahe in den Bereich des Schneidstrahls zu bringen. Zweck der in III skizzierten, heute meistens nur noch für das Schneiden von Feinblechen benutzten Stufendüse soll es sein, ähnlich der Siebdüse Bild 9, beide Bohrungen a und b in einer gemeinsamen Düse unterzubringen und damit den Austausch der Düsengrößen zu erleichtern. Der stufenförmige Absatz d, dem diese Bauart ihre Bezeichnung verdankt, ist auf die richtige Länge der Heizflamme abgestellt. Zwar sind die beiden Düsenarten II und III für das Schneiden in nur einer Richtung verwendbar, weil ja der Schneidstrahl stets der Heizflamme folgen muß, doch fallen die mit solchen Brennern hergestellten Schnittflächen am saubersten und scharfkantigsten aus. Diese Tatsache ist ein Grund dafür, den Doppeldüsen bei längs- und flachkurvigen Schnitten den Vorzug zu geben. Kleinschneidbrenner für Feinbleche werden durchweg mit getrennten oder Stufendüsen ausgerüstet, weil bei Zentraldüsen die Gefahr des Zusammenschmelzens der eben getrennten Fugenränder durch den nachlaufenden Ringflammenteil besteht.

Eine Sonderausführung von Heizdüsen ist, wie Bild 10 zeigt, mit 4, etwa 3 mm hohen Nocken versehen, die den Zweck haben sollen, den Mindestabstand bei freihändig, d. h. ohne Führungswagen bewegten Brennern, z. B. bei Verschrottungsarbeiten zu gewährleisten, um das Abknallen der Heizflamme zu verhüten und die Lebensdauer der Düsen zu erhöhen. Jedoch ist keineswegs daran gedacht, die Nocken auf der Werkstückoberfläche gleiten zu lassen, was beschleunigten Verschleiß zur Folge haben würde.

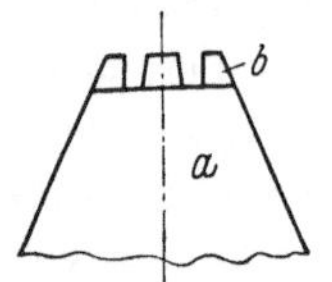

Bild 10. Nocken-Schneiddüse.

In Anlehnung an die in Bild 9 gezeigte einteilige Siebdüse wurde aus neueren Erkenntnissen heraus die auf der Verwendung des Propans basierende Konstruktion der zweiteiligen Düse Bild 11 geschaffen. Diese Düsenart hat sich in der Praxis besonders gut bewährt und wird die normale Ringdüse völlig verdrängen. Durch den Brennerkopf *a* wird bei *b* das Heizgasgemisch, bei *c* der Schneidsauerstoff zugeleitet. Die gegen die früheren Bauarten längere Schneiddüse *e* wird für sich in den Brennerkopf eingeschraubt und die Heizdüse *d* übergeschoben und durch die Überwurfmutter *h* befestigt. Dabei befindet sich die Siebdüse *g* nicht an der Heiz-, sondern an der Schneiddüse *e* und steckt zylindrisch in der Heizdüsenbohrung, gegen diese um etwa 1,5—2 mm am Mundstück zurückstehend (*f*). Während man bei Azetylenheizdüsen bisher umgekehrt die Schneiddüse eher um etwa 1 mm über die Heizdüse vorstehen ließ, hat sich gezeigt, daß diese Änderung in Gemeinschaft mit um etwa 10° von der Senkrechten abweichenden Siebbohrungen *g* den Flammenrückschlag fast völlig unterbindet und besonders saubere Schnittflächen bei gesteigerter Schnittleistung die Folge sind. Die Baulänge mit Propan beschickter Heizdüsen beträgt ein Mehrfaches der normalen Ringdüse.

Schneiddüsenbohrungen. Für einen sauberen und schnellen Brennschnitt ist die Beschaffenheit der

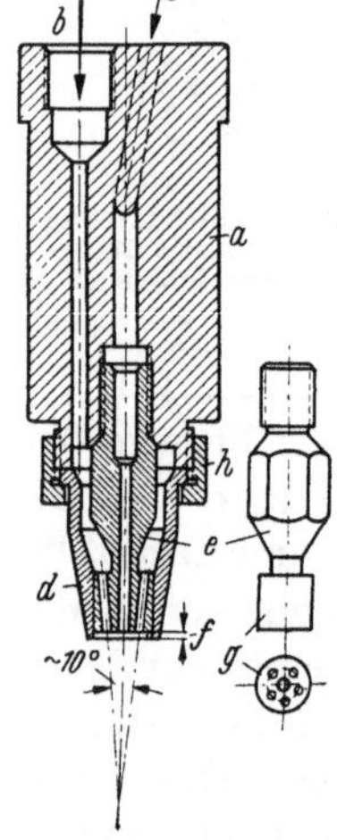

Bild 11. Schneidbrenner-kopf mit Siebdüse.

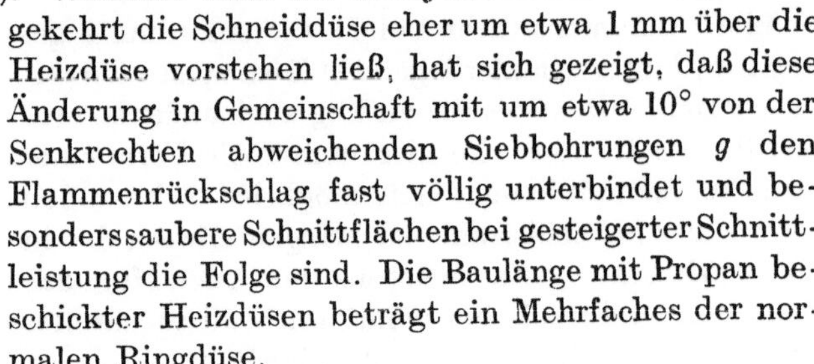

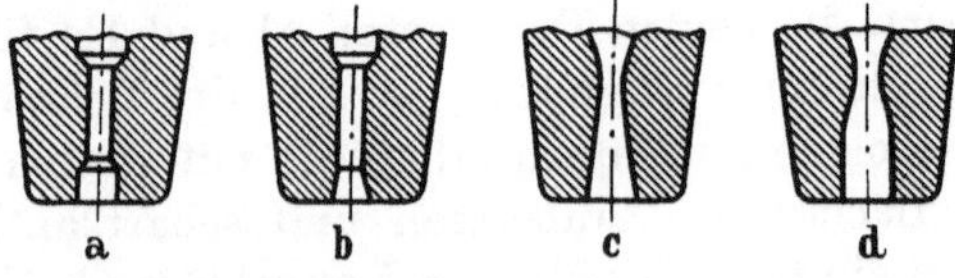

Bild 12. Verschiedene Bohrungsformen in Schneiddüsen.

S-Düse von besonderer Wichtigkeit. Da die Wucht des Sauerstoffschneidstrahls möglichst groß sein muß, ohne daß sein Druck zu hoch bemessen ist, und der Sauerstoffstrahl auf lange Strecken zusammenhängend, d. h. „kompakt" bleiben soll, sind die Schneidbedingungen in hohem Maße von der Formgebung der S-Düsenbohrung abhängig. Im Bild 12 sind vier verschiedene der möglichen S-Düsenformen skizziert. Einen besonders kompakten Schneidstrahl erzielt die mit c bezeichnete *Lavaldüse*, die infolge des verhältnismäßig kleinen Bohrungsdurchmessers jedoch nur sehr schwierig herstellbar und deshalb auch zu teuer ist. Da außerdem schon geringe Druck-

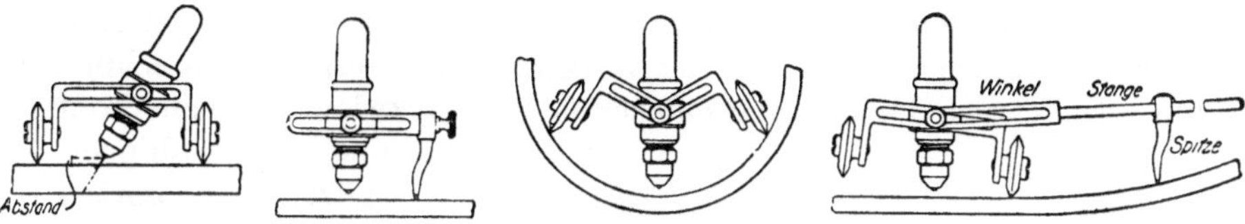

Bild 13. Führungswagen mit Schlitzverstellung oder zweiteilig.

schwankungen, insonderheit Druckabfall die Geschlossenheit des Sauerstoffstrahls vermindern und die Reinigung der Düsenbohrung von anhaftender Schlacke ohne Beschädigung kaum durchführbar ist, hat sich diese Idealform der Schneiddüse nicht durchsetzen können. Den praktischen Anforderungen des immerhin rauhen Schneidbetriebes entsprechen die abgestufte zylindrische Bohrung der Düse a und die konisch erweiterte (der Lavaldüse angenäherte) Bohrung der Düse b am besten. Die letzte Düsenform d, die *Zobeldüse*, vermeidet die Nachteile der Lavaldüse c und gewährleistet auch bei in gewissen Grenzen abfallendem oder schwankendem Sauerstoffdruck noch einen kompakten Schneidstrahl, wobei allerdings die Drücke höher liegen als bei den zylindrischen Bohrungen der abgesetzten Düse a und der konischen b.

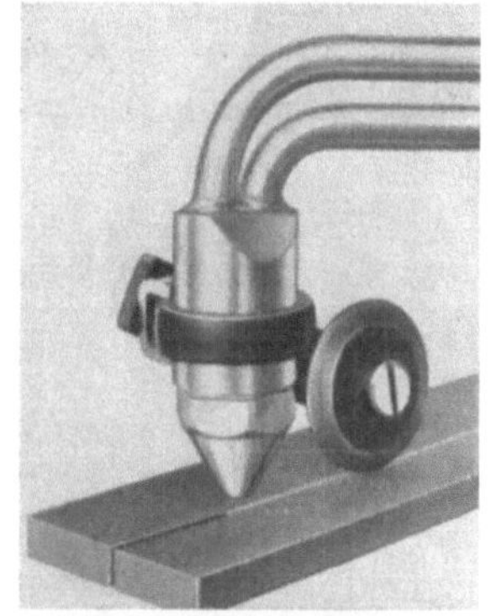

Bild 14. Einradwagen.

Führungswagen. Um ein ruckfreies, d. h. gleichmäßiges Bewegen des von Hand geführten Geräts entlang der Schnittlinie zu ermöglichen und, was ebenso wichtig ist, den Düsenabstand von der Werkstückoberfläche konstant zu halten, sind *zweirädrige* Führungswagen mit Schlitzverstellung gebräuchlich. Die Wagen werden am Brennerkopf mit einem Ring befestigt und sind, wie Bild 13 darstellt, ein- oder zweiteilig. Skizzen I, III und IV zeigen den einteiligen Wagen in Schrägstellung für Gehrungsschnitte, mit Zirkelstange für größere Kreisschnitte und mit

Körnereinrichtung für Kleinkreisschnitte. Ein Anwendungsbeispiel für den zweiteiligen Wagen stellt II dar. Mit Kugellager-Rundführungen ausgestattete Zirkelstangen haben den Vorteil, daß sich der Brennerkopf im Kugellagerring dreht und deshalb die Schläuche sich nicht verwinden.

Vereinzelt wird an Stelle des zweirädrigen Wagens auch ein solcher mit nur einem Führungsrad benutzt, z. B. beim Schneiden schmaler Werkstücke, wenn es auf besonders saubere Schnittflächen nicht ankommt. Bild 14 zeigt diesen am Kopf eines viel benutzten Brenners angebrachten *Einradwagen*. Auch beim Ansetzen der *Rundführung* (Bild 15), zum Schneiden kreisförmiger Schnitte, wird meistens der Einradwagen verwendet. Bei von der Werkstoffkante ausgehenden Schnitten befindet sich das Führungsrädchen (s. Bild 15) zwischen Brennerkopf und Körnerdoppelspitze. Bei Schnitten abseits der Werkstoffkante kann das Laufrad jenseits der Düse abrollen.

Andere Führungsvorrichtungen. In besonderen Arbeitsfällen können die Führungsrädchen störend oder gar nicht brauchbar sein; sie werden dann durch andere

Bild 15. Brennerführungs-Vorrichtung bei Rundschnitten.

Hilfsmittel ersetzt, beispielsweise durch einen *Führungssporn*, der auf dem Werkstück entlanggezogen wird und eine vorteilhafte Stütze beim Freihandschneiden und beim Ausbrennen versenkter Nieten ist. Der in Bild 25 dargestellte Siederohrschneidbrenner ist mit einem *Führungsstift* ausgestattet und die schwenkbare Flachdüse des in Bild 24 skizzierten Nietkopfabschneiders mit einer *Körnerspitze* versehen. Feuerwehr- und Eisenbahnunfallgeräte besitzen, ähnlich wie manche Gußeisenschneidbrenner, *Gleitkufen*, die die Führung des Verschrottungsbrenners und das Einhalten des Düsenabstandes vom Werkstück erleichtern.

b) Schneidbrennerarten.

Allgemeines. Die Unterteilung der Schneidbrennerarten ist jener für Schweißbrenner ähnlich; sie richtet sich nach folgenden Gesichtspunkten:

1. Nach der Art des *Brenngases* für die Heizflamme. Es gibt Schneidbrenner für Azetylen, Wasserstoff, Leuchtgas, Propan, Benzin, Benzol usw. Das Hauptmerkmal der verschiedenen Brennerarten liegt in den

unterschiedlichen Bohrungsverhältnissen für die Gasdurchgänge, die von der stark wechselnden Menge der jeweiligen Heizgasart abhängig sind.

2. Nach der Art der bereits besprochenen *Düsenanordnung*.

3. Nach der *Brennergröße*, d. h. nach dem Leistungsbereich, unterscheidet man:

a) *Klein*-Schneidbrenner (*Fein- und Mittelblech*-Schneidbrenner) für Blechdicken von 0,5—6 mm,

b) *Normal*-Schneidbrenner für etwa 3—300 mm Schnittdicke und

c) *Groß*-Schneidbrenner für über 300 bis etwa 800 mm Schnittdicke.

Kleinschneidbrenner dienen hauptsächlich der Herstellung kurvenförmiger Schnitte an Fein- und Mittelblechen und sind immer mit *hintereinanderliegenden* Düsen ausgerüstet. Großschneidbrenner werden ausschließlich als *Einzel*- und nicht als Wechsel- oder Kombinationsbrenner aufgelegt und sind nur mit konzentrischen Düsen versehen.

4. Nach der Art der Brenner*führung*, Handschneidbrenner und Maschinenschneidbrenner.

5. Nach der Art der *Verwendung*. Danach gibt es Schneidbrenner für Längs-, Kurven- und Kreisschnitte; Lochschneidbrenner, Nietkopfabschneider, Nietschaftausbrenner, Rohr- und Wellenschneider; Schneidbrenner für Gußeisen, für Nichteisenmetalle; für Arbeiten unter Wasser; Sonderbrenner (z. B. für die Feuerwehr) u. a.

6. Nach *Einzel*brennern und *Schneideinsatz* bei Wechselbrennern. (Kombinierte Schweiß- und Schneidbrenner).

Die wahlweise Vereinigung desselben Griffrohres mit Schweiß- oder mit Schneide*insätzen* ist verhältnismäßig häufig anzutreffen und ein in Kleinbetrieben wie auf Montage willkommenes, weil vielseitig benutzbares Gerät. In Betrieben jedoch, in denen das Schneidverfahren im großen Umfang und laufend ausgeübt wird, sollte der Einzelschneidbrenner auf Grund noch später erörterter Erfahrungen bevorzugt werden.

Selbstverständlich muß die *Größe* der H-Düse sowohl wie die der S-Düse der zu trennenden Werkstückdicke angepaßt, d. h. beide müssen auswechselbar sein. Dem mit Nummern versehenen, in Kästchen untergebrachten Düsensatz werden Tabellen für den jeweiligen Schnittdickenbereich beigegeben.

Normung. Die Schneidbrennernormen sind in den Normblatt-Entwürfen DIN 8544 und 8545 (Ersatz für DIN 1905) zusammengefaßt. Danach wird der Schnittbereich für Einzelschneidbrenner von 3—300 mm Werkstoffdicke festgelegt. Abstufung und Gasdrücke sind völlig freigestellt. Ebenso ist eine Normung der sog. Starkbrenner (Großbrenner) für über 300 mm Schnittdicke nicht vorgesehen. Die Schlauchtüllen sind nach DIN 8542 mit R $^1/_4''$ Rechtsgewinde für Sauerstoff und R $^3/_8''$ Linksgewinde für Brenngas zu versehen.

Kombinationsbrenner sind mit Düsensätzen für 3—100 mm Schnittdicke, auf besonderen Wunsch mit solchen für 100—200 mm auszustatten. Die Gasdrücke sind freigestellt, jedoch muß die höchste Schneidleistung bei den vorgesehenen Sauerstoffdrücken bereits bei einem Azetylenzuströmdruck bis 50 mm WS, gemessen in der Schlauchtülle des Griffrohres, erreicht werden.

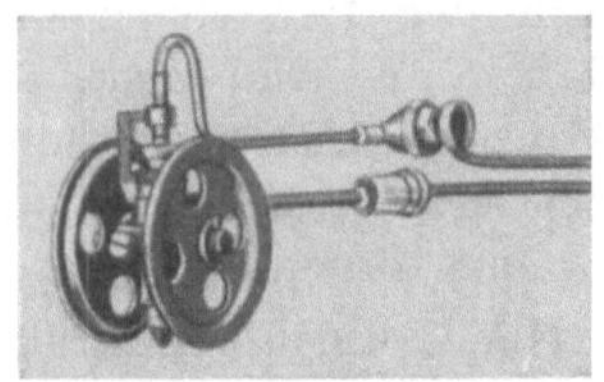

Bild 16. Wasserstoff-Schneidbrenner
von WISS (1904).

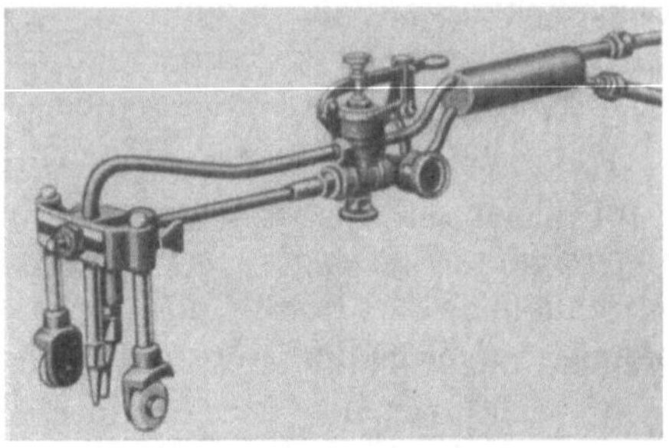

Bild 17. Wasserstoff-Schneidbrenner
der Oxhydric (1910).

Für *Kleinschneidbrenner* ist ein Schnittbereich von 0,5—6 mm Werkstoffdicke festgelegt, die Stufung jedoch auch hier freigestellt.

Brennerbauarten. In den Bildern 16 und 17 sind die beiden ältesten Schneidbrennerkonstruktionen von 1904 und 1910 wiedergegeben, die als die tatsächlichen Vorläufer der heute gebräuchlichen Ausführungen aufzufassen sind. Beide Brenner wurden, wie damals fast alle Autogengeräte, mit Wasserstoff als Heizgas gespeist. Grundsätzliche, rein äußerlich sichtbare Unterscheidungsmerkmale liegen in der Anordnung der Düsen, die im Bild 16 ineinander und im Bild 17 hintereinander liegen. An dem von der vormals bekannten Oxhydric in Düsseldorf auf den Markt gebrachten, aus Stahlteilen hergestellten Gerät fallen die hohe Bauweise des Brennerkopfes und die zu kleinen Wagenrädchen auf, beides für ruhige Brennerführung ungünstige Eigenschaften. Aus der richtigen Erkenntnis, daß Räder größeren Durchmessers ein besseres Befahren unebener Werkstückoberflächen ermöglichen, hat WISS bei seinem aus Messing hergestellten Gerät die heute als praktisch erkannten Radabmessungen allerdings erheblich überschritten. Im Grunde genommen sind, von einigen Feinheiten und Konstruktionsdetails abgesehen, im Laufe der inzwischen verflossenen fast fünf Jahrzehnte wesentliche Umgestaltungen dieser Bauweise kaum zu verzeichnen. Die Brennergriffrohre (Handrohre) werden entweder aus Messing oder aus Leichtmetall, die Heiz- und Schneiddüsen fast immer aus Kupfer hergestellt.

Die z. T. im Längsschnitt gebrachte zeichnerische Darstellung eines *Azetylen-Einzelschneidbrenners* zeitgemäßer Bauart mit Zweischlauchanschluß zeigt Bild 18. Am Handgriff c sind die beiden Schlauchtüllen a und b befestigt. Die über a zuströmende Sauerstoffmenge wird bei h in zwei Gaskanäle unterteilt und den Regelventilen g und f zugeleitet, von denen das Ventil g den für die Heizflamme bestimmten Sauerstoffanteil dosiert, während das obere der Einstellung der erheblich größeren Gasmenge für den Schneidstrahl dient. Da bei h natürlich völlige Druckgleichheit besteht, müssen die für das Heizgasgemisch und den Schneidstrahl erforderlichen unterschiedlichen Drücke und Gasmengen durch

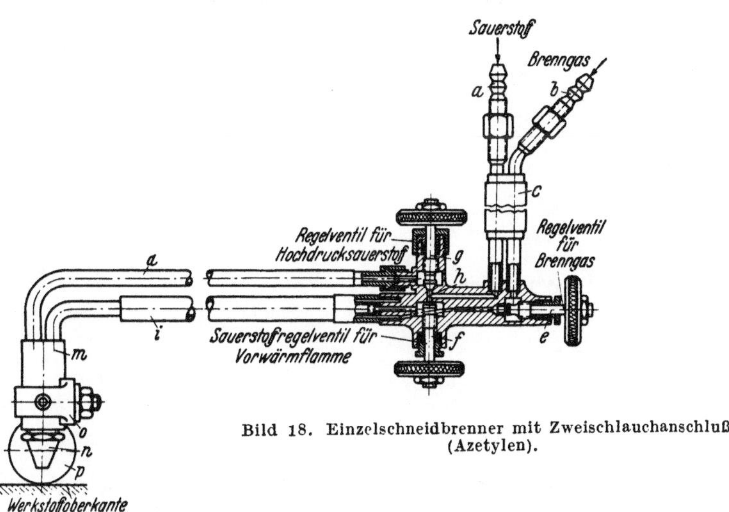

Bild 18. Einzelschneidbrenner mit Zweischlauchanschluß
(Azetylen).

entsprechend bemessene Durchgangsbohrungen erreicht werden. Der Schneidsauerstoff fließt dem Brennerkopf m durch das Rohr d zu. Der in f geregelte Heizsauerstoff saugt das bei b eintretende und in e dosierte Azetylengas in der bereits besprochenen Mischdüse (f in Bild 6) an, und das hier gebildete Heizgasgemisch wird durch das Mischrohr i der Heizdüse n zugeführt. o ist der am Brennerkopf befestigte, für die Aufnahme des Führungswagens bestimmte Ring und p eines der beiden Rädchen.

In der Gegenüberstellung eines Einzelbrenners mit einem Wechselbrenner (Bild 19) sind die grundsätzlichen Merkmale der Konstruktionen gekennzeichnet. Der untere, mit senkrechtem Handgriff a ausgestattete Einzelbrenner II ist nur mit einem Satz auswechselbarer Heiz- und Schneiddüsen versehen (f). b ist das Azetylen- und c das Heizsauerstoffventil. Die Regelung des Schneidsauerstoffs geschieht bei d. An Stelle des sonst gebräuchlichen Führungswagens ist bei e ein im Kugelgelenk beweglicher Radsporn angebracht.

2*

Der darüberliegende Wechselbrenner I besteht aus einem in diesem
Falle waagerechten Handgriff *a* mit Azetylenventil *c* und Sauerstoffventil *b*. Dieser Brennerteil kann durch eine zwischen den Ventilen sichtbare Überwurfmutter mit Schweißeinsätzen verschiedener Größen oder
mit dem Schneideinsatz *d* verbunden werden. Die Regelung des Schneidsauerstoffs erfolgt bei *e*. Bild 20 veranschaulicht zwei Schneidbrenner
(Wechselbrenner) mit horizontalen Griffrohren. Die Auswechselung
des Schneid- oder Schweißeinsatzes erfolgt an der Überwurfmutter *a*.
Der grundsätzliche Unterschied zwischen den beiden Modellen besteht
darin, daß bei I zwei hintereinanderliegende Düsen *c*, bei II konzentrische,
also ineinanderliegende Düsen *e* vorliegen. Saubere Schnitte verlangen

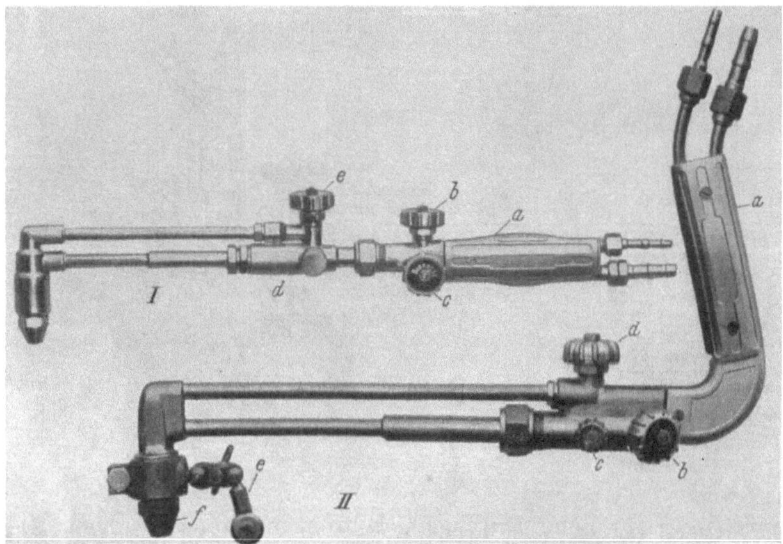

Bild 19. Einzel- und Wechsel-Schneidbrenner.

ein leichtes Spielen des Schneidsauerstoffventils, um ein ruckweises Bewegen des Brenners zu vermeiden. Deshalb werden die Brenner häufig
nicht, wie Bild 19 zeigt, mit Niederschraubventilen sondern mit einem
Schnellschlußventil b (Hebelventil, Bild 20) für den Schneidsauerstoff
ausgestattet.

Im Bild 20 sind bei I ein Zweidüsenbrenner (*c*) und bei II ein Zentral-
düsenbrenner (*e*) gegenübergestellt. Die Auswechselung des Schneid-
bzw. Schweißeinsatzes geschieht bei *a*. *b* sind Schnellhebelverschlüsse.

Einen mit drei Schlauchanschlüssen (Dreischlauchbrenner) versehenen sog. *Starkbrenner* (Einzelbrenner) für große Schnittdicken und
mit senkrechtem Griffrohr bringt Bild 21. Um die Düsenanordnung

(konzentrische Düsen) besser erkennen zu können, ist der Führungswagen um 45° verdreht aufgenommen.

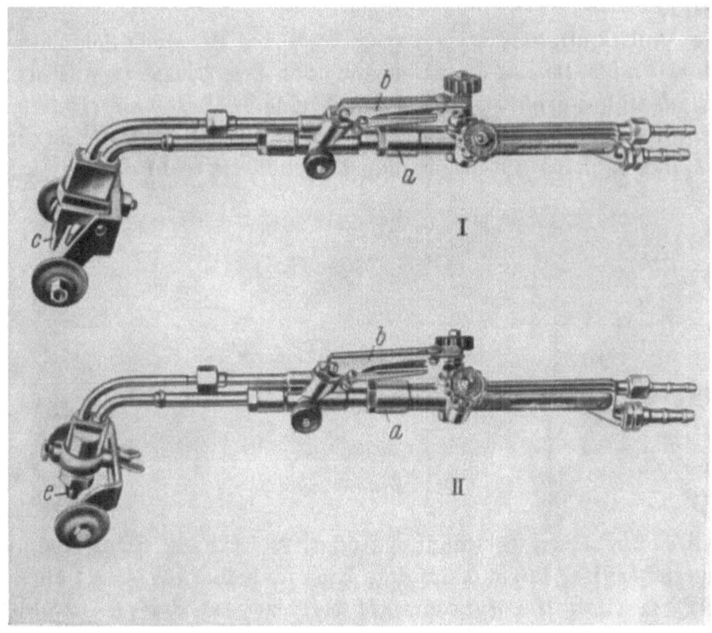

Abb. 20. Handschneidbrenner für Azetylen.

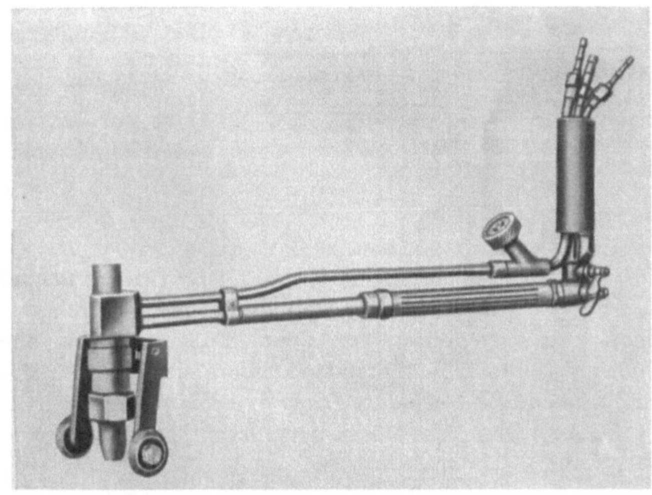

Abb. 21. Starkschneidbrenner (Dreischlauchgerät).

Bild 22 bringt einen Leichtmetallbrenner als *Kleinschneidgerät* für Feinbleche von 0,5 mm aufwärts. Es ist, wie alle für diesen Schnittbereich bestimmten Brenner mit hintereinanderliegenden Düsen ausgestattet.

Der Vollständigkeit wegen mag noch der Fernholz-Schneidbrenner für *Benzol* oder *Benzin* erwähnt sein, der den Flüssigbrennstoff unter Druck zugeführt erhält und ihn durch eine Hilfsflamme (Heizflamme) kurz vor der Düse vergast. Die etwas umständliche Inbetriebsetzung des Geräts, das saubere Schnittflächen herstellt, ist wohl der Hauptgrund,

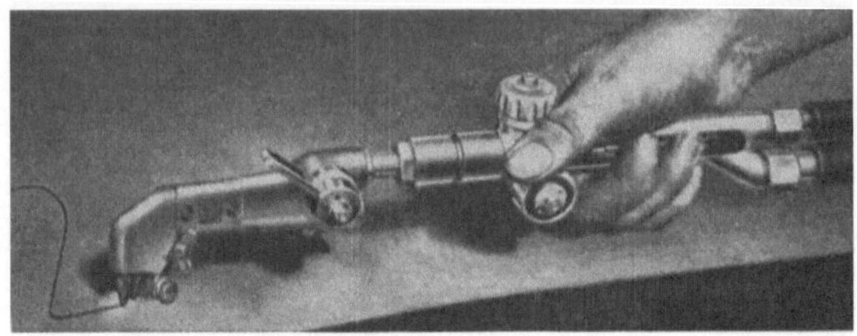

Bild 22. Kleinschneidbrenner.

weshalb es nur selten Verwendung findet. Bei der sog. Schneidlampe, die so eingerichtet ist, daß sich auf dem Brenner selbst ein etwa 1 l fassender Behälter für den Flüssigbrennstoff befindet, ist der rechtwinklig abgebogene Handgriff als Luftpumpe für die Brennstofförderung ausgebildet. Solche Geräte eignen sich für wiederholt vorkommende kleinere Montagearbeiten, wenn der Transport der schweren Gasflaschen entfallen soll.

Sonderbrenner. Richtiger wäre es, von Sonder*schneideinsätzen* zu sprechen, die dem jeweiligen Zweck entsprechend austauschbar und an dasselbe Griffrohr anschließbar sind.

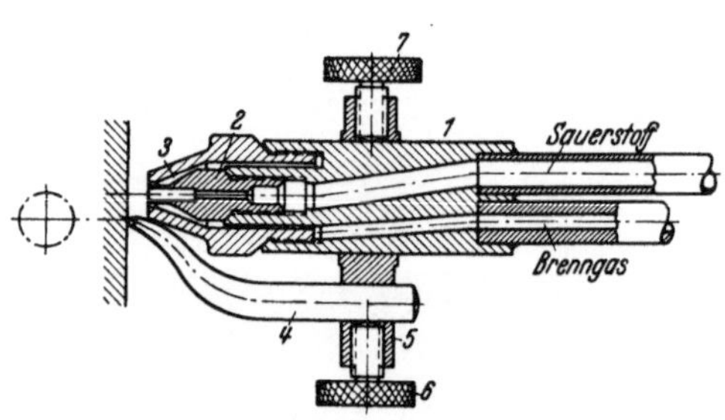

Bild 23. Kopf eines Lochschneidbrenners.

Zum Schneiden kreisförmiger Gebilde größeren Durchmessers wird, was schon kurz angedeutet wurde, am Führungswagen eine Zirkelstange mit verstellbarer Körnerspitze angebracht (Bild 15). Für kleinere Lochdurchmesser sind besondere *Lochschneidbrenner* mit vertikaler oder horizontaler Anordnung der Düsen notwendig. Bild 23[1] zeigt den Längs-

---

[1] Die Bilder 23—27 sind SCHIMPKE-HORN: Handbuch der gesamten Schweißtechnik Bd. I, entnommen.

schnitt durch den Kopf 1 eines an lotrechter Wand angesetzten Lochschneidbrenners mit in der Griffrohrachse stehender S-Düse 2 und H-Düse 3; 5 ist ein in seiner Höhe verstellbarer Klemmring, der mit der gerändelten Schraube 7 befestigt wird. Ihr gegenüber befindet sich die abgebogene Körnerspitze 4, ebenfalls durch eine Schraube 6 eingespannt.

Auch der Düsenkopf des in Bild 24 skizzierten *Nietkopfabschneiders* ist winklig zum Griffrohr angeordnet. Das Gerät gestattet ein schnelles Beseitigen von Nietköpfen jeder Größe. Der Schneidsauerstoff strömt durch das Rohr 5 dem Kopfstück 2 zu und bläst aus dessen mittleren Bohrung 6 aus. Das Heizgas-Sauerstoff-Gemisch wird in die Rohrgabel 4

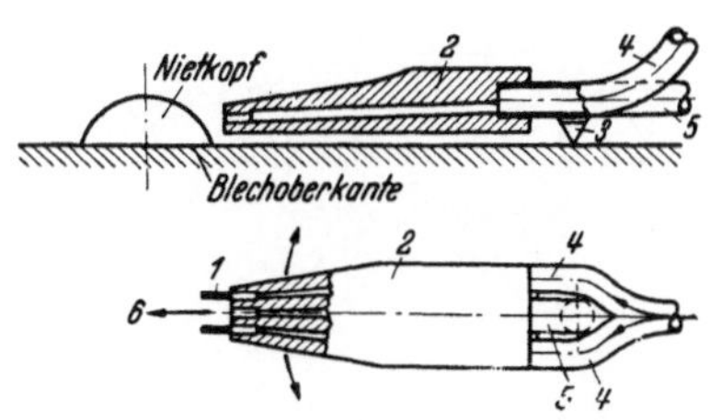

Bild 24. Kopf eines Nietkopfabschneiders.

eingeleitet und gelangt an den beiden Bohrungen 1 als Stichflammen zur Verbrennung. Demnach hat man es mit einem Mehrdüsenbrenner zu tun, der eine zweiseitige Schnittrichtung ermöglicht. Die Führung des Geräts geschieht über eine kleine Körnerspitze 3, um die der Brennerkopf am Nietkopf knapp über der Blechoberfläche kreisförmig bewegt werden kann. Da nur der Nietkopf erhitzt und vom Sauerstoffstrahl getroffen wird, wird das Blech nicht in Mitleidenschaft gezogen.

Nietschaftausbrenner sind mit schweren Kupferspitzen versehene, seltener benutzte Geräte,

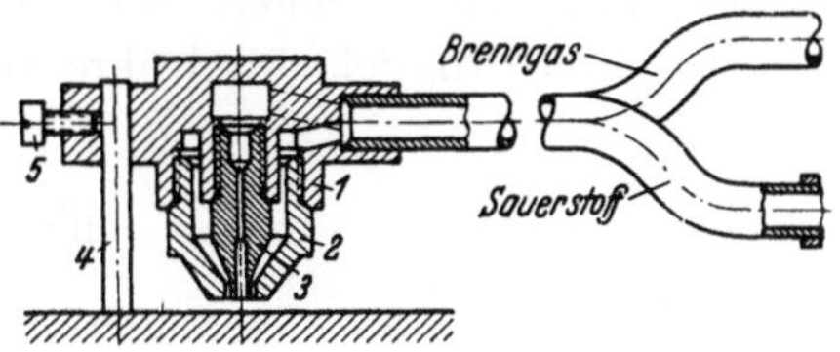

Bild 25. Siederohrschneideinsatz.

deren Arbeitsweise darauf beruht, den Scheitel des Nietkopfes zu erhitzen und mit einem senkrecht und mittig auftreffenden Sauerstoffstrahl ein Loch in den Nietschaft hineinzubohren.

Siederohrschneideinsätze (Bild 25) verlangen einen recht kurz gehaltenen Düsenkopf, um auch ins Innere kleinkalibriger Rohre, d. h. solcher geringen Durchmessers oder kleiner Nennweiten, zu gelangen. Der im Schnittbild mit 4 bezeichnete Stützstift soll eine Führung des Brenners im gleichen Abstand im Rohrinnern bewerkstelligen. Der in seiner Höhe verstellbare Stift wird durch die Schraube 5 gehalten.

Bild 26 bringt eine einfache Vorrichtung, die das Vonhandschneiden 60—300 mm dicker *Wellen* und *Rohre* gleichen Außendurchmessers wesentlich erleichtert. In einem doppelarmigen Kulissenbügel können zwei Führungsrädchen entsprechend dem Wellendurchmesser nach einer am Kulissensteg angebrachten Skala eingestellt und mit Muttern fest-

geklemmt werden. Die Vorrichtung läßt sich am Kopfe normaler Schneidgeräte anbringen.

Als letztes Beispiel sei noch ein Sondergerät, der sog. *Gehrungsdoppel-
schneidbrenner* (Bild 27) angeführt. Die Vorbereitung von x-Nähten an
Grobblechen mit normalen Schneidbrennern setzt mindestens drei
Schnittansätze voraus. Zur Beschleunigung, Erleichterung und Verbesserung des x-Schnittes dient das eben erwähnte Gerät. Die beiden
Brennerköpfe werden im gewünschten Schnittwinkel eingestellt und sind, von
oben gesehen, um einige Millimeter zu-
einander versetzt, da, in einer Ebene
eingestellt, das Aufeinanderprallen des
Sauerstoffstrahls eine starke Wirbelbildung verursacht, den Schneidvorgang empfindlich behindert und unsaubere Schnittflächen zur Folge haben
würde. Das Gerät gestattet die Herstellung von Trennfugen in einem Arbeitsgang.

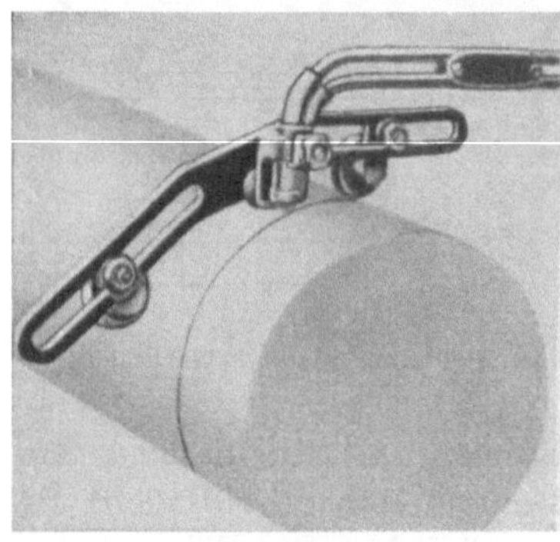

Bild 26. Vorrichtung zum
Wellenschneiden.

Maschinenschneidbrenner. Sie unterscheiden sich von den Handschneidgeräten lediglich durch ihre äußere Bauform und sind nur für

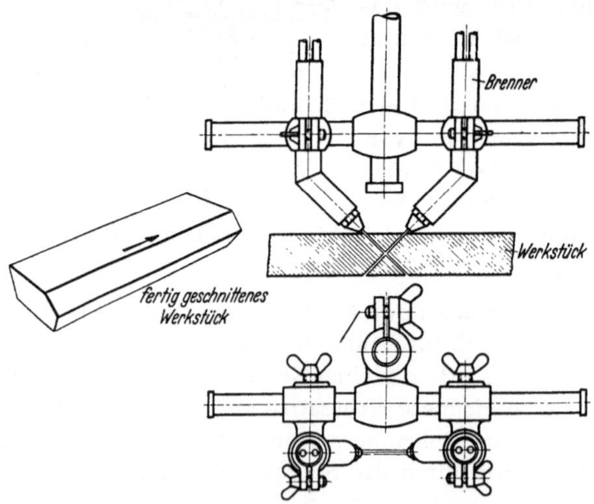

Bild 27. Gehrungs- und Doppelschneidbrenner.

den Schneidmaschinenbetrieb, nicht aber für Handschnitte geeignet.
Die grundsätzliche Arbeitsweise des Handschneidbrenners wird hierdurch nicht berührt. Je nach dem Hauptzweck, dem die Schneidma-

schinen zu dienen haben, sind die Brenner senkrecht, waagerecht oder gekröpft ausgebildet und in geeigneten Spannvorrichtungen, z. B. in einen Support eingespannt. Eine bildliche Darstellung des Maschinenschneidbrenners erübrigt sich, indessen muß nachdrücklich darauf hingewiesen werden, daß sie besonders pfleglich behandelt und sauber gehalten werden müssen, da von ihrem einwandfreien Arbeiten die Gleichmäßigkeit der Schnittflächen in hohem Maße abhängig ist.

3. Schneidmaschinen.

Allgemeines. Schneidmaschinen bezwecken in erster Linie, durch starre mechanische Führung und gleichmäßige Fortbewegung des Schneidbrenners die von mancherlei Zufälligkeiten abhängige, unwillkürlich in den Handschnitt gebrachte Unsicherheit und dadurch bedingte Unregelmäßigkeiten auszuschalten, also die Arbeit zu verbessern und zu beschleunigen. Funkensprühen, fortfliegende Metallspritzer oder glühende Schlackenteilchen können Zuckungen der den Brenner bewegenden Hand zur Folge haben, die auf das Schnittaussehen nicht ohne Einfluß bleiben. Darüber hinaus kommen mögliche Störungen in Betracht, die ihre Ursache im ruckweisen Abrollen der Wagenräder auf unebenen Werkstückoberflächen u. a. haben und sich auf Schnittgenauigkeit und -aussehen übertragen. Es war daher naheliegend, diese Mängel durch mechanisiertes Brennschneiden zu beheben und als willkommene Beigabe die Wirtschaftlichkeit des Verfahrens durch Leistungssteigerung zu verbessern. Wiederum war es WISS[1], der in richtiger Erkenntnis der Bedeutung maschinellen Schneidens diesen Gedanken zuerst aufgriff und schon frühzeitig mannigfache Einzweckmaschinen entwickelte.

Noch bevor die weiter unten behandelten Handschneidmotoren auf den Markt gelangten, also etwa um das Jahr 1919, wurden im In- und Auslande die ersten Universalschneidmaschinen gebaut. Unter ihnen kam der grundlegenden Konstruktion der GODFREYmaschine (München) besondere Bedeutung zu. Ihr folgten die TRAUZL-Maschine, die MESSERsche SU-Maschine, der Oxygraph, das Oxykop und andere Bauarten, die hier zu bringen lediglich historischen Wert hätte.

Eine Einstufung der Schneidmaschinen kann von verschiedenen Gesichtspunkten aus vorgenommen werden. Zunächst kann man in zwei Hauptgruppen unterteilen, und zwar in *Einzweck-* und Mehrzweck- oder *Universalmaschinen,* und in zweiter Linie — von der Führung und Steuerung der Maschine ausgehend — von *Hand-* oder *motorisch* getriebenen Bauarten sprechen. Ferner kann noch als Unterscheidungsmerkmal von *beweglichen* und von *ortsfesten* Maschinen die Rede sein, je nachdem, ob die Maschine zum Werkstück gebracht wird oder umgekehrt.

---

[1] „Arbeiten mit dem Schneidbrenner" in Ausgewählte Schweißkonstruktionen Bd. 6, VDI, 1934.

a) Einzweckmaschinen.

Unter Einzweckmaschinen sollen solche verstanden sein, die normalerweise nur einem bestimmten Zwecke dienen, z. B. bestimmt sind für die Ausführung von Längs-, Kurven-, Kreis-, Formstahl-,Wellen- oder ähnlichen Schnitten. Dabei werden die Brenner an geeigneten Führungen zwangsläufig und gleichmäßig über Gewindespindeln, Zahn-, Kegel- oder Schneckenradgetriebe durch Betätigung eines Handrades oder einer Kurbel entweder von Hand oder, was heute meist zutrifft, elektromotorisch angetrieben. Fast alle diese Einzweckmaschinen sind bewegliche, also zum Werkstück zu bringende Einrichtungen. Ohne Rücksicht auf die chronologische Entwicklung solcher Maschinen sollen einige der praktisch noch vorkommenden Bauarten im folgenden behandelt werden.

Bild 28. Längsschneidmaschine.

Es darf jedoch nicht unerwähnt bleiben, daß solche Einzweckmaschinen mit der Schaffung der später noch zu schildernden Schneidmotoren und -maschinen außerordentlich an Wert verloren haben und daher, abgesehen von den Wellen- und Rohrschneidmaschinen, heute kaum noch aufgelegt werden.

Längsschneidmaschinen. Sie werden für gerade und Gehrungsschnitte von 1000—4000 mm Schnittlänge und für Werkstückdicken bis zu 500 mm aufgelegt. Der Brenner ist auf einem im Bild 28 erkennbaren Support befestigt und auf ihm selbst wie mit diesem auf einer Schlittenführung durch eine Gewindespindel mit regelbarer Geschwindigkeit beweglich. Der Antrieb erfolgt elektromotorisch über ein Getriebe.

Profilstahl-Schneidmaschinen. Eine solche ist eine immer von Hand betätigte, unter gewissen Voraussetzungen auch als Längsschneidmaschine für kürzere Strecken verwendbare Maschine. Auf Grund ihrer vielseitigen Verstellbarkeit ist sie ein für Gerad-, Schräg- und Gehrungsschnitte sowie für Ausklinkungen an Walzstahlprofilen willkommenes Gerät. Auch hier wird der entlang einem Prismenschlitten über eine Gewindespindel bewegliche Quersupport in der Längsrichtung durch ein Handrad bewegt. Ein anderes Handrad dient der Höhenverstellung des Brenners. Maschinen dieser Art werden heute durch

Schneidmotoren ersetzt. Bild 38 zeigt die Verwendung eines Schneidmotors für soche Zwecke.

Kreisschneidmaschinen. Diese Maschinen werden für Kreisdurchmesser von 100—2000 mm hergestellt und meist motorisch angetrieben.
Bild 29 veranschaulicht eine mit zwei Säulen ausgestattete Maschine,
wovon die rechte mit einem Getriebe versehene Hauptsäule als Drehpunkt für große Kreisdurchmesser beansprucht wird, d. h. beide Auslegearme samt Schneidbrenner schwenken um sie. Bei kleineren Kreisdurchmessern erfolgt die Schwenkung um die mittlere, mit Zirkelstange
ausgerüstete, den kleinen Ausleger und den Brenner tragende Nebensäule (Bildmitte). Ein im Kopf dieser Säule untergebrachtes Kegel-

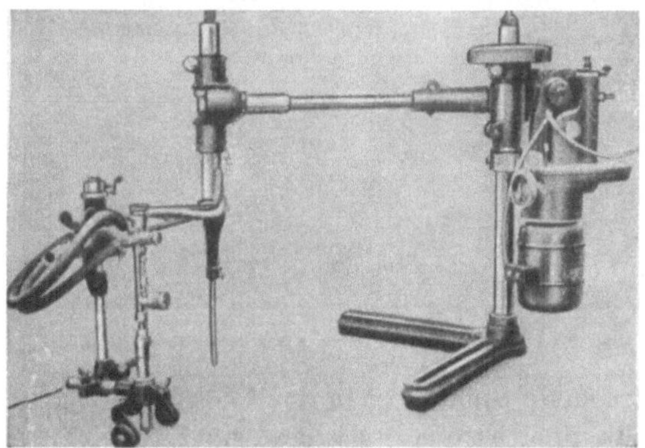

Bild 29. Kreisschneidmaschine.

radgetriebe wird durch Einrücken einer Kupplung betätigt. Im vorliegenden Fall ist die Maschine durch einen an der Hauptsäule angebrachten Fuß am Werkstück befestigt.

Eine vollautomatisch arbeitende, zur Herstellung runder Scheiben,
Böden, Ringe und Flanschen gebaute Schneidmaschine (Bild 30) läßt
Kreisschnitte von 20—1500 mm Durchmesser an Werkstückdicken bis
300 mm zu. Diese bereits deutlich die Kennzeichen einer Werkzeugmaschine herausstellende Schneidmaschine ermöglicht Schnittwinkel
bis zu einer Neigung von 45°, so daß auch Gehrungs- oder Schrägkantenschnitte auf ihr ausgeführt werden können. Die auf dem Getriebegehäuse einen Elektromotor tragende, am Querbalken (Traverse) eines
Portaltragrahmens von 2500 mm Stützweite aufgehängte Maschine
bringt die Kreisbewegung des Brenners durch einen frei gelagerten, von
der Stellung des Werkstücks unbeeinflußten Auslegearm zustande, der in
einer Drehkulisse verschiebbar gelagert ist und um dessen Mittelpunkt
gedreht wird. Die Lagerung des Armes in der Kulisse wird durch ein

spielfrei in Kugellagern laufendes Prismen-Stahlleistenpaar bewerkstelligt. Das für die Drehbewegung des Armes notwendige Getriebe besitzt eine in Kugellagern laufende schwenkbare Schneckenachse. Die

Bild 30. Teilansicht einer Kreisschneidmaschine.

den Brenner tragende Spindel ist in der Lotrechten bis zu 80 mm verstellbar. Der Brenner ist ein Dreischlauchgerät.

Wellenschneidmaschine.

Die m. W. einzige ihrer Bauart zeigt Bild 31. Sie wird in zwei Größen für Schnitte an 80—300 mm und 300—800 mm dicken Achsen, Wellen u. dgl. und nur für Handantrieb aufgelegt. Durch eine zueinander versetzte doppelte Parallelogrammführung, deren Antrieb über Schneckenradgetriebe und Handkurbel erfolgt, wird der Brenner im gleichbleibenden Abstand und lotrecht zur Wellenachse über die Peripherie

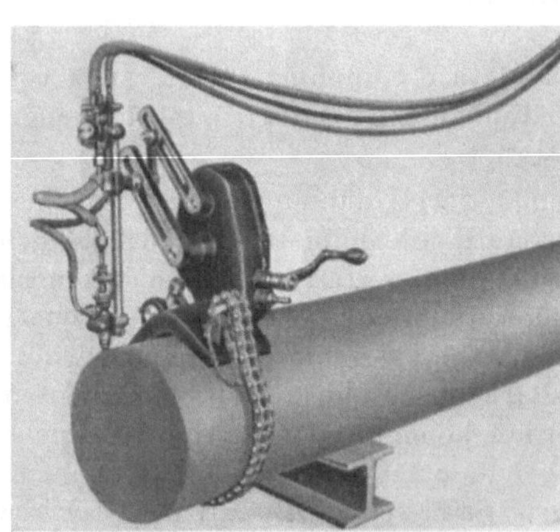

Bild 31. Wellenschneidmaschine.

entlanggeführt. Mit einem Sattel wird das Gerät aufgesetzt und mit Hilfe einer um die Welle gelegten Gelenkkette festgespannt. An einer

Kulissenskala wird der zu schneidende Wellendurchmesser eingestellt; die Doppelkulisse verhindert ein Pendeln des Brenners im toten Punkt.

Rohrschneidmaschinen. Von ungleich größerer Ausführung sind Rohrschneidmaschinen, die im Gegensatz zu den vorigen Bauarten auf den Transport des Werkstücks zur Maschine angewiesen sind. Eine solche Maschine *fahrbarer* Bauweise ist im Bild 32 wiedergegeben. Die Rohre werden innerhalb des Maschinengestells auf einem feststehenden Rohrbock und außerdem auf einem Hilfswagen gelagert. Der Wagen wird durch Scherenhub über eine Spindel, der Rohrbock durch Veränderung eines Zwischenstücks entsprechend dem Rohrdurchmesser eingestellt. Der im Maschinengestell an einem Stahlring drehbar angeordnete Schneidbrenner wird um das festliegende Rohr herumgeführt. Den Antrieb besorgt ein über ein umstellbares Vorgelege in seiner Drehzahl regelbarer Motor. Durch den in Richtung der Rohrachse beliebig verstellbaren Füh-

Bild 32. Teilansicht einer Rohrschneidmaschine.

rungsring ist die Möglichkeit für Schrägschnitte unter jedem gewünschten Winkel gegeben.

Der Antrieb der Maschine erfolgt durch einen Preßluft- oder einen Elektromotor. Sie ist für Gerad- und Gehrungsschnitte an Rohren aller Wanddicken von 100—700 mm Außendurchmesser und von Baulängen bis 8000 mm bestimmt; Gehrungsschnitte bis zu 13° sind ausführbar. Auf *ortsfesten* Maschinen dieser Konstruktion können Rohre bis 1200 mm Durchmesser und von Längen geschnitten werden, die sich nach der Ausbildung des Fundaments richten.

b) Schneidmotoren.

Mit der wachsenden Ausübung des Brennschneidens in industriellen Betrieben trat das Bedürfnis in den Vordergrund, ein möglichst billiges aber universeller anwendbares mechanisch bewegtes Handschneidgerät zu entwickeln, das seinen Niederschlag in den Schneidmotoren fand.

Die erste Handschneidmaschine, der sog. „*Ruckschutz*", ein Vorläufer
der heutigen Schneidmotore, war ein mit Handkurbel und Spiralfederzug
betätigtes Gerät, das sehr bald durch motorisch betriebene Maschinen
ersetzt wurde.

Für elektromotorisch getriebene, von Hand oder auch motorisch
geführte Autogen-Handschneidmaschinen hat sich das Kurzwort
Schneidmotor eingebürgert. Sie sind gewissermaßen als der Übergang
vom Hand- zum Maschinenschneidbrenner aufzufassen und haben sich
hauptsächlich für Schneidarbeiten an großflächigen Werkstücken von
3—100 mm Dicke überraschend schnell eingeführt. Bleche *unter 3 mm*

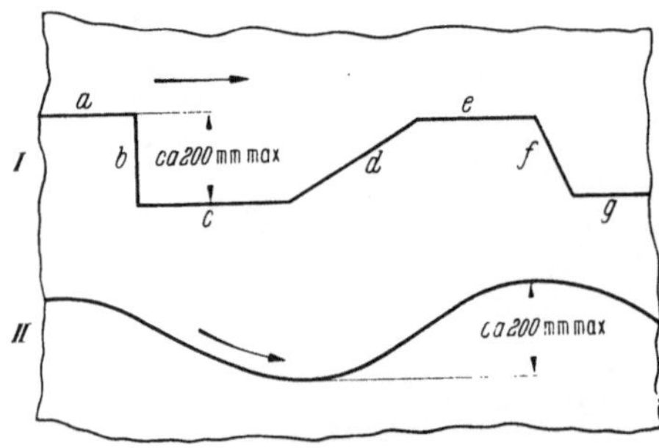

Bild 33. Schnittführung mit Schneidmotor.

Dicke werden zweckmäßig
nicht von oder auf Maschinen,
sondern von Hand geschnitten
(im allgemeinen mit Klein-
schneidbrennern).

Der Schneidmotor gehört
zur Gruppe jener Geräte,
die zum Werkstück kommen
und außerordentlich vielseitig
verwendbar sind. In Anbe-
tracht seiner wertvollen Eigenschaften sind von fach-
schlägigen Werken zahlreiche Bauarten solcher Schneidmotoren auf
den Markt gebracht worden.

Von Wichtigkeit ist eine gute Höhen- und Seitenverstellbarkeit sowie
Schwenkmöglichkeit des Brenners. Die Regelorgane für das Heizgas-
gemisch und den Schneidsauerstoff sollten sich tunlichst außerhalb des
Wärmebereichs der Heizflamme befinden und leicht beweglich sein.
Für längere Schnitte ist außerdem eine Freilaufvorrichtung angebracht.
Schneidmotoren sind hauptsächlich für lange Gerad- und Schrägschnitte,
für flachkurvige und größere Kreisschnitte bestimmt. Mit zwei Brennern
zugleich können mit demselben Gerät (s. Bild 101) gerade Streifen-(La-
mellen-) Schnitte ausgeführt werden. Für kleinere und stark gekrümmte
Kurven sowie für Eckschnitte sind solche Maschinen weniger geeignet;
sie werden dann bedeutend besser durch ortsfeste Maschinen ersetzt.

Eine von der Geraden abweichende Schnittführung ist nicht vollautomatisch durchführbar, vielmehr sind von Hand ausgeübte Seiten-
supportverstellungen notwendig oder die Maschine muß von Hand geführt werden. Bei geraden und Kreisschnitten sollte der Brenner, um
die Maschine vor unnötiger Wärmestrahlung zu bewahren, auf dem
Support möglichst weit nach außen gefahren werden. Kurvenschnitte
erfordern bei von Hand geführter Maschine das Gegenteil. Die Seiten-
verstellung des Supports ist bei Schneidmotoren normaler Bauweise auf

etwa 200 mm begrenzt. Zwei Skizzen mögen dies erläutern. Der im Bild 33 I gezeichnete Schnitt wird wie folgt ausgeführt. Die Längsstrecken *a, c, e* und *g* entstehen durch Eigenbewegung des Schneidmotors. Der Quer- oder Seitenschnitt *b* wird ausschließlich durch Betätigung des Seitensupports ausgeführt, andernfalls der Motor geschwenkt werden

muß. Zur Herstellung der Schrägschnitte *d* und *f* wird sowohl die Eigenbewegung der Maschine als auch die gleichzeitige Betätigung des Seitensupports von Hand ausgenutzt.

Der Flachkurvenschnitt nach Bild 33 II erfolgt nach Anriß, derart, daß bei selbsttätiger Maschinengeradführung der Seitensupport zeitweilig zusätzlich von Hand betätigt wird.

Der im Bild 34 von der Brennerseite veranschau-

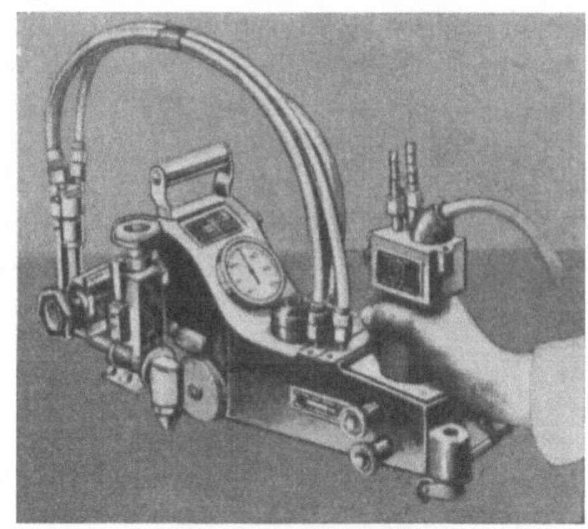

Bild 34. Schneidmotor.

lichte, unter der Bezeichnung „Secator" herausgebrachte Schneidmotor ist mit einem lotrechten Handgriff versehen, an dessen Kopfstück sich die beiden Schlauchtüllen und ein Kabelanschluß, der mit der Steckdose

des Lichtstromnetzes (Wechselstrom oder Gleichstrom) verbunden wird, befinden. Das Gerät geschlossener Bauart hat Druckknopfsteuerung und ist durch einen eingebauten elektrischen Widerstand in der Vorschubgeschwindigkeit stufenlos regelbar. Der Druckknopf ist an dem im Bilde deutlich sichtbaren, mit großem Ziffernblatt versehenen

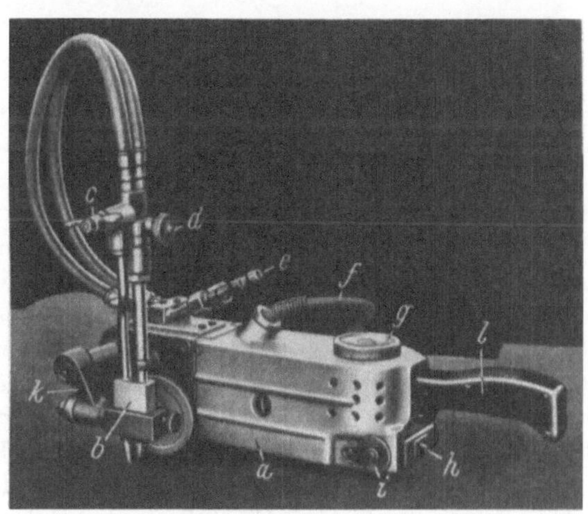

Bild 35. Schneidmotor leichter Bauart.

Tachometer unmittelbar in mm/min ablesbar. Die für die Motor- und Schneidsauerstoffbetätigung notwendigen Druckknöpfe befinden sich links oben am Führungsgriff. Ein Seitensupport trägt den in seiner Höhe und Ausladung verstellbaren Schneidbrenner, und eine Gehrungsskala erleichtert seine Einstellung für Schrägschnitte. Ein- oder Ausschalten des Schneidsauerstoffs und des Motors erfolgt gleichzeitig durch eine Druckbewegung am Handgriff. Abmessungen und Gewicht des Geräts sind so gehalten, daß es vom Bedienungsmann bequem von einem zum anderen Werkstück transportiert werden kann. Der Energiebedarf beläuft sich auf rund 50 Watt.

Gerad- und Schrägschnitte an Blechen lassen sich selbsttätig in der Weise ausführen, daß man die auf der Rückseite des Geräts befindlichen Leitrollen auf dem stehenden Schenkel eines als Führung dienenden und am Werkstück festgespannten Winkelstahls ablaufen läßt. Bei Einzelschnitten von Kurven, ob kleinerer oder größerer Krümmung,

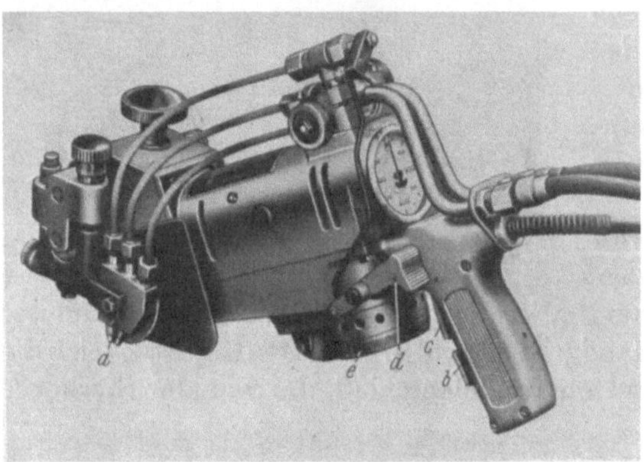

Bild 36. Ansicht eines Handschneidmotors (Cadet).

wird die Vorschub-, d. h. die Schnittgeschwindigkeit ebenfalls am Regelwiderstand eingestellt, das Gerät indessen von Hand so geführt, wie es dem Kurvenanriß auf dem Werkstück entspricht. In der Massenfertigung von schlanken Kurven kann der Schneidmotor auch an einer Schablone vollautomatisch ablaufen. Wenn mit Hilfe einer Zirkelstange kreisförmige Schnitte herzustellen sind, arbeitet das Gerät ebenfalls voll selbsttätig.

Das Bestreben, handlichere, leichtere und im Preis etwa um die Hälfte billigere Schneidmotoren auf den Markt zu bringen, führte zu gedrungeneren und einfacheren Konstruktionen, wovon eine in Bild 35 („Quicky") gezeigt wird. Der im Gehäuse a untergebrachte Elektromotor macht 10000 U/min und wird durch einen Widerstand über ein Getriebe in seiner Drehzahl geregelt. Die Stromaufnahme beträgt etwa 40 Watt, das Gesamtgewicht der Maschine rund 5 kg. h ist der Motorschalter, l der Handgriff, b der Schneidbrenner, c das Regelventil für den Schneidsauerstoff, d sind die Regelventile für Heizgas und Sauerstoff, e die beiden Anschlüsse für diese Gase und f ist das elektrische Anschlußkabel. Zur kontrollierten Einstellung der Gehrungsschnittwinkel dient eine Skala k und für die Geradführung die Führungsrolle i. Die Schnittgeschwindigkeit wird am mit einer Skala versehenen Rädchen g geregelt. Der Schneidbrenner ist mit hintereinander liegenden Düsen ausgerüstet.

Auch der im Bild 36 dargestellte, „Cadet" benannte Schneidmotor ist von besonders leichter Bauart, für *Einhandbedienung* eingerichtet und mit einem Dreischlauchbrenner und ebenfalls mit getrennten Düsen

Bild 37. Automatischer Längsschnitt mit Handschneidmotor.

a ausgestattet. Alle für die Gerätebedienung erforderlichen Schaltorgane sind am nach unten gerichteten Führungsgriff selbst angeordnet oder ihm unmittelbar vorgelagert, so daß vier Finger der die Maschine führenden Hand folgende Funktionen auszuüben haben. Der Ringfinger betätigt den Motorschalter *b*, der bei Schnittbeginn und Schnittende, aber auch während des Schneidens kleiner Radien zu handhaben ist. Der Daumen übernimmt die Betätigung des Schneidsauerstoffventils *d* und der Zeigefinger die Einstellung der Schnittgeschwindigkeit bei *e*,

Bild 38. Schrägschnitt an einem I-Trägerprofil.

deren Veränderung bei Kurvenschnitten in Abhängigkeit vom Krümmungsradius zu geschehen hat. Dem Mittelfinger fällt die Aufgabe zu, die Reibungskupplung für den Maschinenfreilauf an *c* zu betätigen, die außer zum raschen Verschieben des Geräts auch beim Schneiden kleiner

Krümmungen und scharfer Ecken nötig ist. Die Maschine wird durch einen auf der Motorwelle angebrachten Lüfter gekühlt.

Bild 37 zeigt die Maschine auf automatischen Geradschnitt eingestellt und auf der Schenkelkante eines Winkeleisens abrollend. Durch eine kulissenartige, am Quersupport angebrachte Zusatzeinrichtung *a* in Bild 38 kann das Gerät auch für Profilschnitte benutzt werden. Das Bild veranschaulicht den Schrägschnitt am Steg eines I-Trägers NP 42. Für den Profilgesamtschnitt sind natürlich wie beim Vonhandschneiden drei Schnittansätze erforderlich.

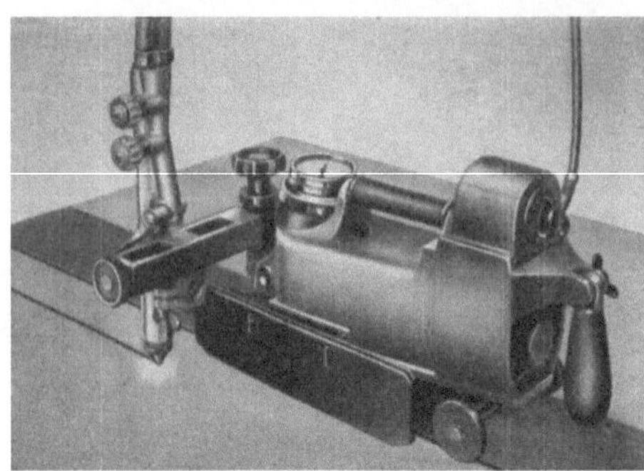

Bild 39. Schneidmotor mit Querverstellung und Schwingachse.

Schließlich bringen die beiden Bilder 39 und 40 die Bauart eines Schneidmotors mit Schwingachse. Der im Gehäuse eingebaute Motor treibt über ein Reduziergetriebe eine an der Grundplatte befindliche Rolle an. Die Regelung des Vorschubs erfolgt über einen elektrischen Widerstand. Ein im Gelenk beweglicher Handgriff und ein oben befindlicher Traggriff, ein Tachometer, die den Brenner aufnehmende Querverstellung, der elektrische Steckeranschluß und ein Schalter vervollständigen die Ausrüstung. Bild 39 zeigt die an einer Führungsschiene vollautomatisch arbeitende Maschine bei Gerad- oder Flachkurvenschnitten, während Bild 40 das kreisförmige Ausschneiden mit Hilfe einer Zirkelstange vor Augen führt.

Bild 40. Schneidmotor auf Kreisschnitt eingestellt.

Ein mit *Oxyschneidmotor* bezeichnetes Gerät unterscheidet sich von den vorigen dadurch, daß es nicht elektromotorisch, sondern durch eine kleine Gasturbine bewegt wird, die ihren Antrieb vom Hochdrucksauerstoff selbst erhält. Allerdings ist die Regelfähigkeit solcher Maschinen beschränkt.

Vereinzelt sind elektrisch angetriebene ortsbewegliche Klein-Schneid-
motoren auf irgendeine einfache Art an mit Schwenkarmen ausgestatteten Maschinenständern angebaut, so, daß ortsfeste Klein-Schneidmaschi-
nen mit einem Leistungsbereich von 1—100 mm Schnittdicke entstehen.
Da eine ausreichende Schnittgenauigkeit und -sauberkeit von solchen Maschinen nicht immer erwartet werden kann, dürften ihrer allgemeinen Einführung Schwierigkeiten im Wege stehen.

c) Ortsfeste Schneidmaschinen.

Allgemeines. Unter ortsfesten oder Groß-Schneidmaschinen sind
solche zu verstehen, denen im Gegensatz zu den Schneidmotoren das
Werkstück zugeführt werden muß. In ihren Arbeitsmöglichkeiten ergänzen sie, soweit es sich um Werkstückanrißschnitte handelt, die Vorteile der Schneidmotoren, sind diesen aber bezüglich des Schneidens nach
Schablonen wesentlich überlegen. Außerdem eignen sich Schneidmotoren nicht für Zeichnungsschnitte, was bei Schneidmaschinen jedoch
in hohem Maße der Fall ist. Daraus läßt sich für solche Maschinen, die
in ihrer Konstruktion den Einrichtungen von Werkzeugmaschinen nicht
nachstehen, eine gewisse Universalität ableiten, weshalb, wenn es Viel-
zweckmaschinen sind, häufig auch von Universal-Schneidmaschinen die
Rede ist. Einzweckmaschinen dieser Art sind beispielsweise Kreisschneidmaschinen für große Durchmesser.

Der Schneidvorgang verläuft meistens nicht innerhalb oder unmittelbar unterhalb der Maschinen, sondern außerhalb des Maschinengestells,
d. h. neben diesem. Das bedingt oft ansehnliche Baulängen der den
Brennersupport tragenden Auslegerarme, die in sog. Kreuzwagenmaschinen ihre natürliche Begrenzung erfahren. Man hat sich aus
diesem Grunde vielfach damit geholfen, große einseitige Ausladungen
durch besondere Bauarten, sog. Portalrahmenmaschinen zu vermeiden.

Im Regelfalle liegt die obere Schnittdickengrenze aller Schneidmaschinen bei rund 300 mm, doch können unter Verwendung von Stark-
brennern und schweren Maschinengestellen noch Dicken bis etwa 600 mm
geschnitten werden. Nach dem bereits Gesagten sollten unter 3 mm
dicke Bleche im allgemeinen nicht maschinell, sondern von Hand geschnitten werden, sofern es sich nicht um Paket- oder Stapelschnitte
(s. S. 83) handelt.

Ortsfeste Schneidmaschinen sind außer auf Längs-, d. h. Geradschnitte und auf Schräg- oder Gehrungsschnitte (Stemmkantenschnitte)
auch auf das Schneiden nach Werkstückanriß, nach Schablone und nach
Zeichnung eingerichtet. Dabei kann die Bestimmung der Maschine nach
der einen oder anderen Seite ihrer Verwendbarkeit überwiegend sein.

Da der an Führungsschienen schwingungsfrei bewegte Schneidbrenner von der Oberflächenbeschaffenheit des Werkstücks gänzlich

unabhängig ist, sind besonders saubere, hobelglatte Schnittflächen erzielbar, die in den meisten Fällen einer weiteren Bearbeitung mit spanabhebenden Werkzeugen nicht bedürfen.

Unter den marktgängigen ortsfesten Maschinenbauarten die für
Vielzwecke geeignetste auszuwählen, ist nicht gerade leicht, weil betriebliche und fabrikatorische Umstellungen auch an die Schneidmaschine
andere Forderungen stellen können. So kann beispielsweise der Transport schwerer Werkstücke so umständlich und kostspielig sein, daß sich
besondere konstruktive Ausgestaltungen der Maschinen verlohnen, d. h.
die Maschinen durch in ihrer Höhe verstellbare und schwenkbare Unterbauten sich der geringsten Werkstückbewegung anpassen. Für die Wahl
der Maschinengröße sind vor allem die größten Abmessungen des zu bearbeitenden Werkstücks und die des auszuführenden größten Schnittes,
d. h. es ist der jeweilige *Arbeitsbereich* maßgebend. Dem Käufer ist deshalb vor der Entscheidung bezüglich der Wahl einer Schneidmaschine
eine Beratung durch erfahrene Fachfirmen dringend anzuraten, da durch
unnütze Bewegung der Werkstücke sowohl bei Zeichnungs- wie bei
Schablonenschnitten erhebliche Zeitverluste auftreten, die bei richtiger
Einschätzung des Arbeitsbereiches unterbunden werden können. Dabei
ist ganz allgemein von Wichtigkeit, daß der Arbeitsbereich einer Maschine ihren *Schnittbereich* überschreiten muß. Da dieser in der Längsrichtung nur von der Laufbahnlänge ortsfester Maschinen abhängig ist
und die heute üblichen Kreuzwagenmaschinen demnach praktisch unbegrenzte Schnittlängen ermöglichen, treten Schwierigkeiten in keinem
Fall auf. Für die Schnittlänge in Querrichtung zur Maschine ist die
Größe ihrer Ausladung maßgebend, die 2000 mm selten überschreitet.
Darüber hinausgehende Ausladungen werden durch auf Schienen ablaufende, bereits erwähnte Portalkonstruktionen mit jedem beliebigen
Arbeitsbereich erzielt und, falls nach Schablonen geschnitten wird, sind
diese meist auf dem Portal selbst, an dem der Getriebewagen abläuft,
befestigt.

Von Wichtigkeit ist eine gute Abdeckung aller Trag- und Führungsräder sowie deren Laufschienen, um sie gegen Oxydflug zu schützen. Es
hat sich daher als vorteilhaft erwiesen, vor den Tragrädern der Maschinen
federnde Schienenreiniger anzuordnen, die beim Ablauf des Kreuzwagens etwa vorhandenen Oxydstaub abstreifen. Der konstruktive Aufbau der Maschinen muß so gestaltet sein, daß eine absolut erschütterungsfreie Brennerführung sichergestellt ist. EBERLE macht den Vorschlag,
zur Prüfung der Laufruhe einer Maschine einen Schnitt mit mehreren
scharfen Ecken auszuführen und währenddessen eine Münze von etwa
25 mm Durchmesser hochkant auf das äußerste Ende des Auslegerarms
zu stellen, wobei diese weder umfallen noch sonstwie ihre Lage verändern darf. Auf diese sehr einfache Weise läßt sich feststellen, ob die Ma-

schine so stabil ist, daß sich ein plötzlicher Wechsel in der Schnittrichtung nicht durch schwingende oder stoßweise Bewegungen auf den Brenner überträgt.

Als besonders günstig hat sich die sog. „frontale" Anordnung aller Schalt-, Steuer- und Regeleinrichtungen der Maschine und des Brenners herausgestellt, weil hierdurch eine übersichtliche Bedienung ohne Änderung des Standortes des Bedienungsmannes ermöglicht wird.

Aufstellung und Behandlung der Maschinen. Um eine möglichst ruhige und störungsfreie Bewegung des Schneidbrenners und demzufolge saubere und maßgenaue Schnitte zu erreichen, muß der Aufstellungsort der Maschinen von Bodenerschütterungen frei sein. Ebenso sind besonders geräuschvolle, starkem Staub- oder Schmutzanfall ausgesetzte Räume kein geeigneter Platz für solche Maschinen. Man muß sich darüber im klaren sein, daß Schneidmaschinen wie jede andere Werkzeugmaschine nicht allein einer pfleglichen Behandlung, sondern auch einer sorgfältigen Aufstellung bedürfen. Falsch wäre es, die Maschine in einer Raumecke so unterzubringen, daß sie nur von der Bedienungsseite aus zugänglich ist, vielmehr soll sie ringsum bequem begangen werden können, was die erwünschte Aufstellung etwas abseits des Durchgangsbetriebes nicht ausschließt. Selbstverständlich sind alle vom Hersteller mitgegebenen Anweisungen für die Aufstellung und Bedienung der Maschinen zu erfüllen, vornehmlich dann, wenn der Zusammenbau durch eigenes, weniger erfahrenes Betriebspersonal erfolgt.

Alle Einzelteile sind so auszurichten, daß hauptsächlich die Führungsschienen für den Längs- und Querwagen genau gerade und parallel laufen und der Ausleger in der Waage steht. Alle auf Schienen, Prismen oder anderen Gleitbahnen auf Rollen bewegten Teile müssen sich auch von Hand *spielend leicht* und rucklos verschieben lassen. Jedes Klemmen in der Maschinenbewegung muß restlos abgestellt werden, und zwar nicht allein bei der Montage, sondern auch während des laufenden Betriebes. Nicht selten sind Maschinen anzutreffen, die von Hand nur mit äußerster Kraftanstrengung beweglich sind. Mißerfolge beim Schneiden sind dann verständlicherweise unausbleiblich. Zur Erzielung eines gleichmäßigen und ruhigen Ganges sind alle beweglichen Teile, wie Trag- und Führungsleisten am Gestell, die Gleitschienen usw. in gewissen Zeitabständen mit einem reinen Lappen abzuwischen und mit einem dünnen Ölüberzug zu versehen. Gründliche Pflege und gutes Sauberhalten der Maschine sind grundsätzlich erforderlich, wenn Schnittgenauigkeit gewährleistet werden soll. Ferner ist das ausgelastete Aufhängen der Gasschläuche von Wichtigkeit! Sie sollen möglichst von oben (z. B. an der Decke hängend) an die Maschine so herangeführt werden, daß sie weder den Transport des Längs- noch des Querwagens beeinträchtigen oder gar durch Zugwirkung zu einem Stehenbleiben der Maschine führen.

Sämtliche Maschinen sind vorschriftsmäßig zu *erden*.

Universalschneidmaschinen. Eine in verschiedenen Größen gebaute,
„Mediosec" benannte Maschinenkonstruktion zeigt Bild 41. Sie besteht,
äußerlich betrachtet, aus einem auf Füßen ruhenden, an den Längsseiten
mit Prismenführungen b versehenen Rahmen a, auf dem die vier Rollen
d des Hauptwagens c ablaufen. e ist ein Begrenzungsanschlag für den
Hauptwagen c. Dieser und der Querwagen f, der gleichzeitig Antriebs-
gehäuse ist, sowie Auslegerarm g bilden den *Kreuzwagen*. Am Querwagen f ist ein Führungsschlitten k befestigt, der den mit Seiten- und
Höhenverstellung eingerichteten Brennerträger h aufnimmt. i ist der
Schneidbrenner und m sind die Führungsrollen für den Schlitten k.

Bild 41. Schneidmaschine „Mediosec".

Der wichtigste Bestandteil der Maschine ist das als Querwagen f
bezeichnete *Getriebegehäuse*, das außer dem Antriebsmotor alle elektrischen Schalt- und Regelorgane für die Maschine, nicht aber für den
Schneidbrenner selbst enthält. Über einem mit der Lichtleitung verbundenen Steckeranschluß liegt der Ausschalter r und über ihm der Schalter
q für den Schnittrichtungswechsel. Unten links ist der Regelknopf s für
die am Tachometer p ablesbare Schnittgeschwindigkeit und ihm gegenüber der Schaltknopf t für den Freilauf der Maschine angeordnet. Unterhalb von t befindet sich der Steuerkopf mit Laufrolle l für Zeichnungs-
und Anrißschnitte, an dessen Stelle ein Triebkopf für Schablonenschnitte
angesetzt werden kann. Er wird bei Metallband-(Holz-) Schablonen
gegen einen *Klemmrollenkopf*, bei Stahlschablonenschnitten gegen einen
Magnetrollenkopf ausgetauscht. Die Maschine ist daher, wie die meisten

Universalmaschinen, für automatische Gerad-, Form- und Kreisschnitte (50—800 mm ∅) an Stahl von 5—250 mm Dicke nach Werkstückanriß, nach Zeichnung und nach Schablone geeignet.

Bild 42. Auf Schablonenschnitt eingestellte Schneidmaschine.

Die in Bild 42 veranschaulichte „Rex-Universalmaschine" ist im Bild auf Schablonenschnitte eingestellt. Sie wird ebenfalls in verschiedenen Größen für eine Schnittbreite und -länge bis 2000 mm hergestellt. Der Strombedarf beträgt etwa 160 Watt.

Auf einem schweren Untergestell *a* laufen der Hauptwagen *b* und der Querwagen *c*, mit Auslegerarm *d*, in gleicher Weise wie in Bild 41 einen Kreuzwagen bildend, ab. Unter dem als Getriebekasten eingerichteten und mit allen elektrischen Steuerungsorganen ausgestatteten Querwagen *c* ist eine auf Schienen aufgespannte stählerne Schablone *f* sichtbar, an deren Außenrande sich eine über Magnetkopf *e* angetriebene Rändelrolle abwälzt. Neben der frontalen Anordnung der Schalt- und Steuerorgane am Getriebegehäuse sind bei Maschinen über 1000 mm Schnittbreite alle Schalter doppelt, und zwar auch am Ende des Querwagens vorhanden. Bild 43 zeigt eine Teilansicht derselben Maschine, jedoch

Bild 43. Getriebegehäuse der Maschine Bild 42 auf Zeichnungsschnitt mit Fadenkreuzsteuerung eingerichtet.

mit auf Zeichnungsschnitt eingestelltem Getriebegehäuse. Die Brennerbewegung geschieht über den Triebkopf *a*, *b* ist die Zeichnung und *d* die Steuerung (s. später).

Bild 44. Schwere Schneidmaschine auf Schnitte nach Werkstückanriß eingestellt.

Die vorzugsweise für Gerad- und zusammengesetzte Schnitte nach Werkstückanriß sowie für Kreisschnitte von 20—1500 mm ⌀ geeignete Uni-

Bild 45. Schneiden nach Zeichnung, Führung mit dem Zeigestift.

versal-Supportschneidmaschine „USM", Bild 44, besitzt ausgesprochene Merkmale einer Werkzeugmaschine. An einem schweren, auf den Gestellschienen ablaufenden Getriebekasten ist ein massiger, bis 2500 mm langer Ausleger mit Quersupport und allen für die Bewegungen des Schneidgeräts erforderlichen Regel- und Steuerorganen angeordnet.

Bild 45 zeigt eine Kreuzwagenmaschine Modell „KSW", die, wie andere Bauarten, in vier bis fünf Größen mit verschieden ausgestatteten Maschinenköpfen aufgelegt und vornehmlich für Schnitte nach Anriß bestimmt ist. Der in a eingebaute, über ein Getriebe arbeitende Elektromotor treibt den im Hauptwagen c beweglichen Querwagen b an, an dessen Ende sich der Brennersupport k befindet. Am Handrad i kann, wenn nach Werkstück-Anriß geschnitten werden soll, die Maschine unmittelbar von Hand gesteuert werden. Zur Erleichterung der Handsteuerung ist unterhalb des Lenkrads i eine einstellbare Gradeinteilung (bei k) mit Indexfixierung angebracht. Die elektrischen Schaltelemente befinden sich in einem transportablen Schaltkasten h, der von jedem Standort aus bedienbar ist. d ist eine Segmentverstellung für den Schneidbrenner, der durch eine am Brennerträger angeordnete Hochstellvorrichtung und auf Freilaufbewegung des Wagens schnell eingestellt werden kann. Im Bild erfolgt die Führung des Brenners nach Zeichnung mit einem Zeigestift g, die Zeichnung ist auf dem Tisch f befestigt, e zeigt den ausgeführten Profilschnitt.

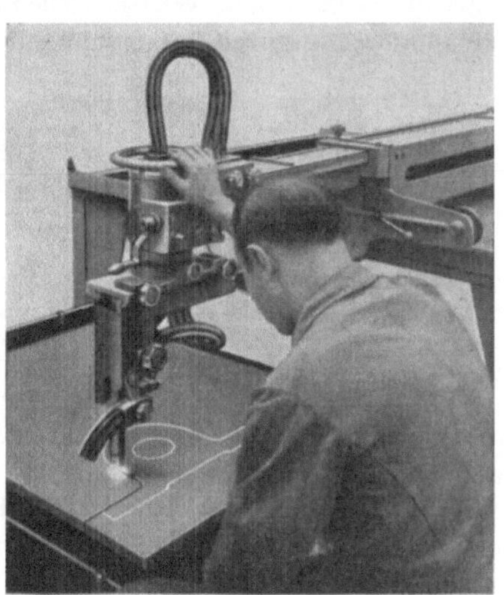

Bild 46. Schneiden nach Werkstückanriß.

Bild 46 veranschaulicht dieselbe Maschine beim Schneiden des gleichen Formstückes nach Werkstückanriß.

Bild 47 zeigt eine Maschine dieser Bauart für Zeichnungsschnitte und Schnittbreiten über 1200 mm, deren Kennzeichen ein besonders langer, durch eine hochkantige Gitterkonstruktion a versteifter Querwagen b ist. c ist die Auflagetafel für die Zeichnung, d der Zeigestift.

Eine neuere, unter dem Namen „Nivosec" auf den Markt gelangte Sondermaschine kann wegen ihrer recht verwickelten Einrichtungen hier nicht ausführlich behandelt werden. Es handelt sich um eine sog. *Raumkurvenschneidmaschine*, die abweichend von den übrigen Bauarten nicht allein Schnitte in einer Ebene, sondern auch solche an geneigten, also schrägen Flächen zuläßt. Dies wird durch eine *Höhensteuerung* erreicht. Neben dem Schneidbrennerkopf rollt ein Höhentaster auf der Werkstückoberfläche ab. Er tastet während des Brennervorschubs die

Höhenänderungen am Werkstück ab und steuert die elektrisch angetriebene Höhenverstellung des Brenners derart, daß er sich in immer gleichbleibendem Abstand über der Trennfuge bewegt.

d) Maschinenschnittführung.

Es wurde bereits wiederholt zwischen Schnitten nach Anriß am Werkstück, nach Zeichnung und nach Schablone unterschieden. Eine weitere Möglichkeit sind sog. Kinematikschnitte. In der Einzelfertigung wird man sich meist mit Schnitten nach Werkstückanriß begnügen, vornehmlich dann, wenn es sich um große Schnittlängen und -breiten handelt. Dagegen steigern sich Wirtschaftlichkeit und Gleichmäßigkeit in der Massenfertigung durch das Schneiden nach Zeichnung und bei nicht zu

Bild 47. Schneidmaschine für größere Schnittbreiten.

großflächigen Werkstücken vor allem durch automatisches Schneiden nach Schablonen.

Schneiden nach Werkstückanriß. Hierbei gibt es zwei Arbeitsmöglichkeiten. Entweder arbeitet der motorisch bewegte Brenner ohne Lenkung von Hand, wobei z. B. durch eine Rastenschaltung auch genau rechtwinklige Schnitte erzielt werden, oder der motorisch angetriebene Brenner wird von Hand gelenkt. Der erste Fall trifft dann zu, wenn lange Gerad- oder Schrägschnitte auszuführen sind. Die Brennerlenkung erfolgt mit Hilfe eines an der Unterseite des Getriebegehäuses (Bild 43) vorhandenen, auf der Tischplatte ablaufenden Triebkopfes a. Die am Triebkopf angebrachte Laufrolle wird zu Schnittbeginn so gedreht, daß sie tunlichst parallel zur Schnittrichtung steht und in der gewünschten Richtung läuft. Der Schneidvorgang ist dabei vollautomatisch.

Anders liegt der an zweiter Stelle genannte Fall, bei dem von der Geraden abweichende Schnitte auszuführen sind. Der Brennervorschub erfolgt zwar auch hier motorisch, die Lenkung des Brenners jedoch von Hand am Support der Maschine (Bild 45). Zweckmäßig wird eine dünne Schicht Schlemmkreide auf den Schnittlinienbereich aufgetragen und die Schnittlinie angerissen. Gutes Vorkörnen der Schnittlinie erhöht die Sicherheit der Schnittführung. Bild 46 veranschaulicht den von Hand gelenkten Brennschnitt an einem Lagerkonsol. Das Schneiden nach Anriß ist hauptsächlich für Teile einfacher geometrischer Formen und dann vorteilhaft, wenn diese nur vereinzelt oder in geringer Stückzahl vorkommen. Um vorgeschmiedeten oder gepreßten Werkstücken größeren Querschnitts bestimmte Formen zu geben (Bild 88), wird man vorzugsweise nach Anriß schneiden. Hierfür sind Supportmaschinen besonders geeignet, bei denen der Brenner durch „Schalten“ zwangsläufig in bestimmten starren Bahnen geführt wird. Solche Maschinen erzielen höhere Schnittgenauigkeiten als die mit Lenkrad gesteuerten und sind besonders auch zum Ausschneiden runder Scheiben, Flanschen und Ringe geeignet.

Eberle faßt die Schnittmöglichkeiten solcher Supportmaschinen wie folgt zusammen:

1. *Längsschnitte* in beiden Richtungen der Laufbahn durch Eigenbewegung der gesamten Maschine.

2. *Querschnitte*, wie vor, genau rechtwinklig zu den Längsschnitten verlaufend.

3. *Winkelschnitte* als Geradschnitte in jeder beliebigen Richtung.

4. *Rundschnitte* von 20 mm ⌀ an in beiden Richtungen.

5. *Kombinationsschnitte* verschiedener Art durch beliebige Hintereinanderschaltung oder Überlagerung der unter 1—4 angegebenen Bewegungsformen.

6. *Halbautomatische Kurvenschnitte* mit zusätzlicher Handsteuerung.

7. *Vollautomatische Kurvenschnitte* beliebiger Form nach Schablonen.

Schneiden nach Zeichnung. Die für die gewünschte Schnittform bestimmte maßstäbliche Zeichnung 1:1 (also in natürlicher Größe) wird auf der Tischplatte einer Laufrollenmaschine (Bild 45*f*, *c* in Bild 47, *n* in Bild 41) aufgespannt und, wenn die Zeichnung wiederholt benutzt werden soll, durch eine aufgelegte *Cellonplatte* vor Beschädigungen geschützt. Die Zeichnung kann in Bleistift oder Tusche ausgeführt sein. Auch Lichtpausen sind ohne weiteres verwendbar.

Bei Zeichnungsschnitten sind drei verschiedene Folgeeinrichtungen für die Brennerbewegung üblich. 1. kann ein *Zeigestift* (*g* in Bild 45 und *d* in Bild 47) an den Zeichnungskonturen entlang geführt werden, 2. kann eine an einem Kreuzgriff betätigte, schwenkbare *Rändelrolle*, wie Bild 41 bei *l* andeutet, unmittelbar auf der Zeichnung ablaufen. Um deren Verschiebung zu verhüten, ist sie auf der Bewegungsplatte *n* mit Klebestreifen, z. B. Leukoplast, zu befestigen. Besser ist, die Auflagestelle mit einer dünnen Schicht von zähem Fett (Konsistenzfett) zu versehen, auf die die Zeichnung aufgedrückt wird. Die Führungsorgane, ob Zeigestift oder Rändelrolle, sind nicht unmittelbar an den Umrißlinien der Zeichnung, sondern in einem Abstande von diesen zu führen, welcher der halben Schnittfugenbreite entspricht, andernfalls die Maße nicht eingehalten werden können. Diese Maßnahme kann nur dann entfallen, wenn die Schnittfugenbreite in der Zeichnungsvorlage bereits berücksichtigt ist. In allen Fällen ist eine besondere *Leuchte* vorzusehen, die eine möglichst schattenlose Führung des Folgegeräts auf der Zeichnung gewährleistet. Auch beim Arbeiten mit dem Schneidmotor ist es ratsam, an dessen Kopf eine Leuchte anzubringen, um Werkstückanrisse genau verfolgen zu können.

Die von Hand ausgeführte Bewegungsform wird durch eine Übertragungseinrichtung, z. B. durch Storchschnabel, Gelenkarm oder einen frei beweglichen Kreuzwagen, dem Brenner mitgeteilt.

Die dritte, zurzeit letzte und den anderen überlegene Möglichkeit des Schneidens nach Zeichnung beruht darauf, die Antriebsrolle von der Zeichnung getrennt arbeiten, nur der *Bewegung* des Brenners dienen zu lassen und eine besondere optische Zusatzeinrichtung, die sog. *Fadenkreuz-* oder *Lichtkreuzsteuerung* (Patent 749766) zu verwenden. Sie ergibt, weil sie völlig parallaxfrei arbeitet, die genauste Schnittführung und basiert darauf, daß eine innen beleuchtete und um ihren Mittelpunkt drehbare Plexiglasscheibe auf der Zeichnung gleitet. Diese vom Motor fortbewegte, für die *Lenkung* des Brenners bestimmte Scheibe besitzt in ihrer Mitte ein Fadenkreuz, das an dem Zeichnungsumriß entlanggeführt wird. Bild 48 läßt diese Faden- oder Lichtkreuzeinrichtung („Optoskop" genannt) im ausgebauten Zustand

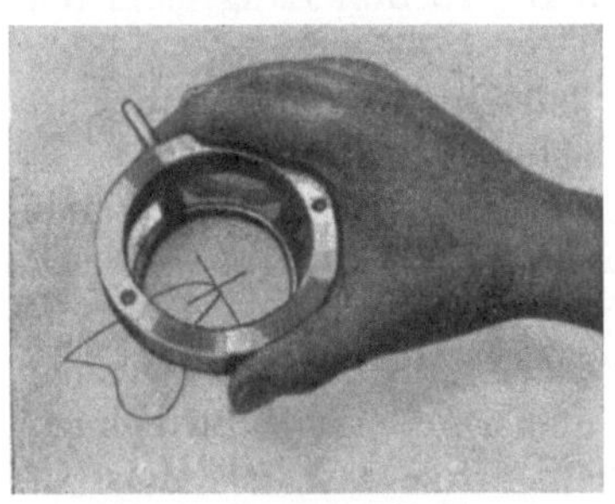
Bild 48. Fadenkreuzsteuerung für Zeichnungsschnitte.

und in Bild 43 bei *d* auf der Zeichnung *b* gleitend deutlich erkennen. Die Schnittgenauigkeit der so gesteuerten Maschinen ist besonders groß.

Schneiden nach Schablone. Sind größere Stückzahlen gleicher Teile auszubrennen, dann ist dem Schablonenschnitt der Vorzug zu geben. Die Maschine arbeitet vollautomatisch, und da die Geschicklichkeit des Bedienungsmannes bedeutungslos wird, fallen die geschnittenen Teile völlig gleichmäßig aus. Dabei ist zwischen *Band-* (Holz-) und *Eisenblechschablonen* zu unterscheiden.

Je nach Beschaffenheit der Schablone wird ein *Klemmrollenkopf* (Bandschablone) oder ein *magnetisches Rändelrädchen* verwendet. Insoweit eine magnetische Lenkung als Steuerung in Frage kommt, ist das Vorhandensein von Gleichstrom Voraussetzung, bzw. muß ein *Gleichrichter* eingebaut oder ein kleines Umformeraggregat aufgestellt werden.

Die weniger empfehlenswerte *Band-* oder *Holzschablone* (bandumkleidete Schablone) ist in Bild 49 skizziert. Sie besitzt einen schraffiert gezeichneten, etwa 15 mm dicken Holzboden *a*, der mit einem hochkantigen Metallband *b* von etwa 2 mm Dicke und 30 mm Breite umgeben, d.h. umrandet ist. Das Metallband kann aus Aluminium, weichem Messing oder aus Kupfer bestehen. Für den Boden ist Sperrholz am besten geeignet. Nur dann, wenn die Schablone nicht häufiger benutzt werden soll, genügt gewöhnliches Holz.

Die Schablonenform ist dem Schnitt geometrisch ähnlich. Am unteren Ende des Triebkopfes befindet sich eine gerändelte Rolle, die motorisch gedreht, durch Spiralfederzug gegen das Schablonenband gepreßt und der Klemmrollenkopf an der Schablone ent-

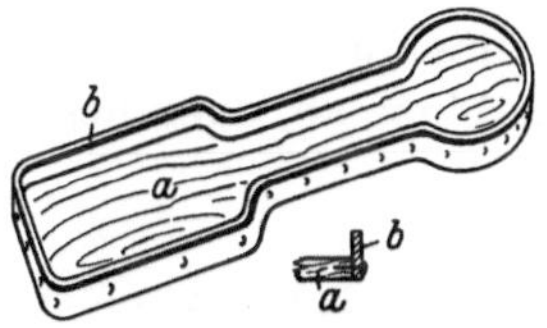

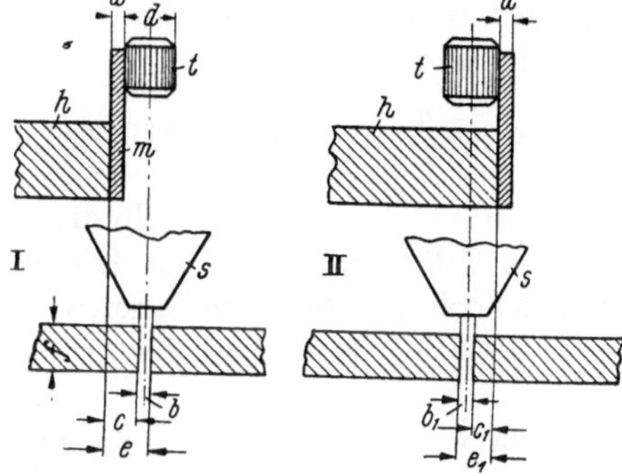

Bild 49. Holzschablone für Maschinenschnitte.

Bild 50. Ablauf der Triebrolle an Holzschablonen.

lang bewegt wird. Der Weg, den die Mittellinie der Rolle beschreibt, entspricht dem vom Brennerkopf zurückgelegten. Läuft die Rändelrolle auf der *Innenseite* des Schablonenbandes ab, dann fällt der ausgeschnittene Teil kleiner aus und größer, wenn die Rolle auf der *Außenseite* des Blechrandes abläuft. Daneben ist die Schnittfugenbreite zu berücksichtigen. Demnach muß das Maß, um das die Schablone jeweilig kleiner oder größer gehalten werden muß als die verlangte Schnittform, entsprechend der nachfolgenden Tabelle 3 ermittelt werden. In ihr bedeuten die in Bild 50 erläuterten Buchstaben

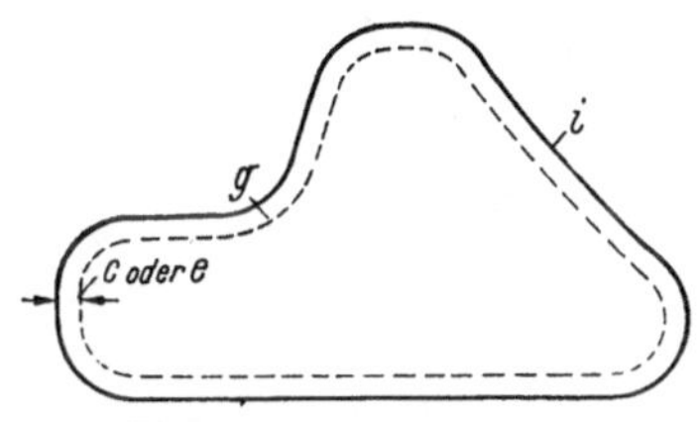

Bild 51. Holzschablone.

a = Dicke des Schablonenbandes m (z. B. 2 mm),

b = Schnittfugenbreite (von Werkstückdicke f abhängig),

c = Mindestmaß des Holzbodens der Schablone (*ohne* Band) gegenüber der Schnittform,

d = Durchmesser der Triebrolle in mm (z. B. 10,5 mm),

e = Übermaß des Holzbodens der Schablone (*ohne* Band) gegenüber der Schnittform,

h = Holzschablone,

s = Schneiddüse,

t = Rändelrolle.

Läuft die Triebrolle auf der Schablonen*außenseite* ab, d. h. wird der ausgeschnittene Teil selbst verwendet, dann gilt:

$$c = a + \frac{d}{2} - \frac{b}{2} \quad \text{(Tab. 3A)} \quad \text{und} \quad e = \frac{d}{2} + \frac{b}{2} \quad \text{(Tab. 3B)},$$

wenn unter sonst gleichen Verhältnissen der Außenteil des geschnittenen Werkstücks verwendet werden soll.

Demgegenüber ergibt der Ablauf der Triebrolle an der Schablonen-*innenseite*, wenn der ausgeschnittene Teil verwendet wird, folgende einfache Rechnung:

$$c_1 = \frac{d}{2} + \frac{b}{2} \quad \text{(Tab. 3 C)} \quad \text{und} \quad e_1 = \frac{d}{2} - \frac{b}{2} \quad \text{(Tab. 3 D)}.$$

Im Bild 51 bedeutet deshalb die Linie g den Schnittrand am Werkstück im Falle des Ablaufs der Triebrolle am Außenrand der Schablone. Läuft jedoch die Rolle am Innenrand der Schablone ab, dann liegt die Schnittlinie bei i und g ist der Schablonenrand.

Tabelle 3. Ermittlung der Abmessungen von Holzschablonen.

A. Triebrolle außen, ausgeschnittener Teil wird gebraucht.

Werkstoffdicke in mm	4	5	10—25	25—40	60	80	100
b mm	1,8	2	2	2,5	3	3,5	4
c „	6,3	6,2	6,2	6	5,7	5,5	5,2

B. Triebrolle außen, Außenteil wird gebraucht.

	4	5	10—25	25—40	60	80	100
b mm	1,8	2	2	2,5	3	3,5	4
e „	8,1	8,2	8,2	8,5	8,7	9	9,5

C. Triebrolle innen, sonst wie bei A.

	4	5	10—25	25—40	60	80	100
b mm	1,8	2	2	2,5	3	3,5	4
e_1 „	6,1	6,2	6,2	6,5	6,7	7	7,2

D. Triebrolle innen, sonst wie bei B.

	4	5	10—25	25—40	60	80	100
b mm	1,8	2	2	2,5	3	3,5	4
c_1 „	4,3	4,2	4,2	4	3,7	3,5	3,2

Andere Maschinen sind so eingerichtet, daß zwei gegeneinanderfedernde Rollen das Metallband von beiden Seiten zangenartig umfassen. Dabei können beide Rollen oder auch nur eine angetrieben werden.

In seiner Arbeitsweise wesentlich überlegen ist der *Elektromagnetkopf*, der an seiner Unterseite eine vom Maschinenmotor angetriebene, stark magnetische Rändelrolle besitzt, die sich am Schablonenrand abwälzt. Hierbei werden keine Holzschablonen, sondern weitaus stabilere und bessere, aus gewöhnlichem *Stahlblech* gefertigte, nicht unter 3 mm und selten über 8 mm dicke Schablonen benutzt.

Aus Bild 42 ist bei f eine solche Schablone und bei e das Gehäuse des Magnetrollenkopfes ersichtlich. Im Gegensatz zu der eben gezeigten *Außen*schablone bringt Bild 52 das Getriebegehäuse a einer „Statosec" genannten Maschine mit einer Stahl*innen*schablone b für zwei verschiedene Formschnitte. c ist der Magnetkopf. Auch hier muß die Größe der Schablone danach bestimmt werden, ob die Magnetrolle innen oder außen an der Schablone ablaufen und ob der Ausschnitt oder der Rahmen, also der verbleibende Teil Verwendung finden soll.

In Anlehnung an das Bild 50 kann die Ermittlung der Schablonenabmessung aus Bild 53 entnommen und auf die Tab. 4 übertragen werden. h ist die Blechschablone, s die Schneiddüse, f das zu schneidende Werkstück, a die Rändelrolle vom Durchmesser d (angenommen 10,5 mm), b die Schnittfugenbreite, c der Abstand zwischen *Außen*schablonenrand und Schnittrand und e der Abstand zwischen Außenrand und äußerem Schnittfugenrand. Ent-

Bild 52. Schneiden mit Magnetrolle und Stahlinnenschablone.

sprechend dem bedeutet c_1 den Abstand zwischen innerem Schnittfugenrand und der Kante der *Innen*schablone und e_1 die Entfernung zwischen Schablonenkante und äußerem Schnittfugenrand.

Tabelle 4. Bestimmung der Abmessungen von Stahlschablonen.

A. Außenschablone, ausgeschnittener Teil wird verwendet.

Werkstoffdicke in mm	4	5	10—20	25—40	60	80	100
b mm kleiner „	1,8 4,4	1,9 4,3	2 4,3	2,3 4,1	2,9 3,8	3,7 3,4	4,3 3,1

B. Außenschablone, Rahmenstück wird verwendet.

	4	5	10—20	25—40	60	80	100
b mm größer „	1,8 6,2	1,9 6,2	2 6,3	2,3 6,4	2,9 6,7	3,7 7,1	4,3 7,4

C. Innenschablone, ausgeschnittener Teil wird verwendet.

	4	5	10—20	25—40	60	80	100
b mm größer „	1,8 6,2	1,9 6,2	2 6,3	2,3 6,4	2,9 6,7	3,7 7,1	4,3 7,4

D. Innenschablone, Außenrahmen wird verwendet.

	4	5	10—20	25—40	60	80	100
b mm kleiner „	1,8 4,4	1,9 4,3	2 4,3	2,3 4,1	2,9 3,8	3,7 3,4	4,3 3,1

Es ist $c = \dfrac{d}{2} - \dfrac{b}{2}$, wenn der ausgeschnittene Teil benutzt und die Triebrolle an einer *Außenschablone* (Bild 53 I) abläuft, und $e = \dfrac{d}{2} + \dfrac{b}{2}$, wenn der verbliebene Rahmen verwendet werden soll.

Läuft die Triebrolle an der Schablonen*innenseite* ab, dann ist entsprechend Bild 53 II $e_1 = \dfrac{d}{2} + \dfrac{b}{2}$, wenn der ausgeschnittene Teil benötigt wird und $c_1 = \dfrac{d}{2} - \dfrac{b}{2}$, wenn die Außenform, d. h. der Rahmen verwendet werden soll.

Die Blechschablonen werden entweder auf Reitern mit Stiften (Bilder 42 u. 52) oder durch zylindrische, elektromagnetische Halter (Bild 54) befestigt. Wie beim Schneiden nach Zeichnung werden auch für Schablonenschnitte meistens Kreuzwagenmaschinen bevorzugt, da sie die Rändelrollenbewegung am sichersten auf den Brenner übertragen.

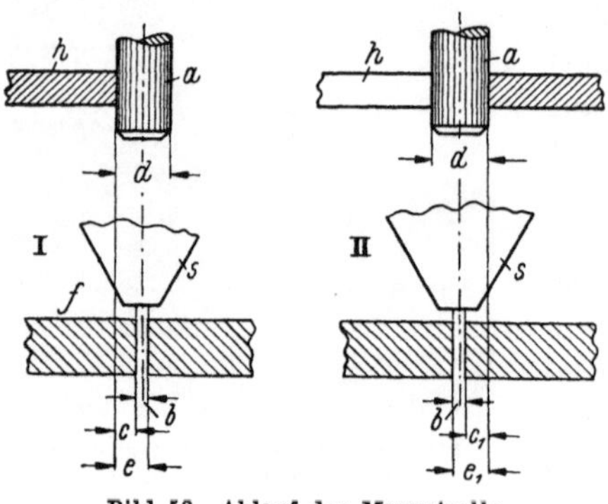

Bild 53. Ablauf der Magnetrolle an Stahlschablone.

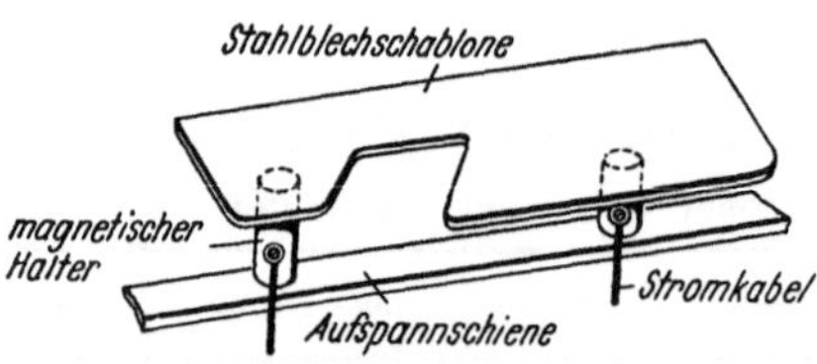

Bild 54. Stahlblechschablone mit magnetischer Aufspannung.

Kinematik-Schnitte. Wenn man will, kann man noch eine vierte Art der Schnittführung unterscheiden, den sog. Kinematik-Schnitt, der darauf beruht, daß die Brennerführung ausschließlich durch *Eigenlenkung* der Maschine, ohne Schablone und nur mit oder ohne sich selbst ein- und ausschaltende Steuerorgane bewerkstelligt wird. Das einfachste Beispiel hierfür ist der *Kreisschnitt*.

Die meisten Schneidmaschinen, seien es mit verstellbaren Zirkelführungen ausgestattete Laufrollenmaschinen oder mit schwenkbaren, frei schwebenden Armen versehene Supportmaschinen, sind auch für diese Schnittart vorgesehen. Eine solche Kreisschneidmaschine wurde bereits in Bild 30 gezeigt. Andere einfache Kinematikschnitte entstehen, indem beispielsweise durch selbsttätiges Umschalten eines in zwei rechtwinklig zueinander verlaufenden Bahnen geführten Brenners rechteckige Formen beliebiger Art ausgebrannt werden. Der Entwicklung dieses Verfahrens für die Massenfertigung steht noch ein weites Feld offen.

C. Der Brennschnitt.

In diesem Abschnitt sollen nur einige Hinweise vorausgeschickt werden, die das Verständnis der folgenden Betrachtungen fördern. Im einzelnen wird hierauf später noch ausführlich eingegangen.

1. Schnittdicke.

Die *untere* Grenze brennschneidbarer Stahlblechdicken liegt praktisch bei 0,5 mm. Zuweilen anzutreffende Angaben, daß noch 0,2 mm-Bleche geschnitten werden können, dürften von nur theoretischer Bedeutung sein.

Die *obere* Grenze schneidbarer Stahlquerschnitte anzugeben, ist unsicher. In der Praxis werden über 800 mm hinausgehende Schnittiefen kaum verlangt. Allerdings wurde vor kurzem im amerikanischen Schrifttum[1] über Sonderschneidbrenner berichtet, mit denen nicht- oder schwachlegierte Stahlblöcke von 2000 mm Dicke geschnitten werden. Derartige Brenner sind mit bis 1000 mm langen, sorgfältig hergestellten Düsenbohrungen versehen, die einen verhältnismäßig großen Sauerstoffdurchgang bei unwahrscheinlich geringen Drücken besitzen, die mit der Schnittdicke sogar abnehmen. Hierdurch wird die geringste Wirbelbildung in der Düsenbohrung gewährleistet. In einer Tabelle wird angeführt, daß die sog. *Niederdruck*-Schneidbrenner die in Tab. 5 auszugsweise wiedergegebenen Leistungsdaten zu verzeichnen haben.

Tabelle 5.

Sauerstoffdruck bei großen Schnittdicken.

Werkstoffdicke in mm	Düsenbohrung in mm $\varnothing$	Atü Sauerstoff-druck	Sauerstoff-Ver-brauch m³/h
~ 500	5	2,2	45
~ 700	9	1,4	80
~1000	13	0,6	140
~1300	15	0,5	160

Die Schnittleistungen liegen in gleicher Reihenfolge bei 8, 6, 5 und 4 m/h.

2. Schnittfugenbreite.

Die Breite der Trennfuge, d. h. der Schnittspalt wächst mit der Blechdicke und hängt von vielfältigen Faktoren ab, die einzeln oder zu mehreren von mehr oder weniger großem Einflusse sein können. Beginnt man mit der Art der Brennerführung, so ist beim Handschneidgerät im allgemeinen mit einer etwas breiteren Schnittfuge zu rechnen, als dies für den Maschinenschnitt zutrifft. Von Wichtigkeit sind ferner: die Vorschub-, d. h. Schnittgeschwindigkeit, die Größe und Beschaffenheit der

---

[1] Welding Journal Bd. 26 (1947).

S-Düsenbohrung, Sauerstoffdruck, Flammengröße und nicht zuletzt der Werkstoff selbst.

Auf die Werkstückdicke bezogen, bewegt sich die Fugenbreite zwischen 1,5 und 15 mm und liegt praktisch selten unter 2 mm. Im Mittel beträgt sie

beim   20 mm-Blech etwa 2 mm,
bei   20—50 mm-Blechen zwischen 2 u. 3,5 mm
und bei 50—100 mm-Blechen etwa 3,5—5 mm.

Mit wachsender Werkstoffdicke nimmt die Parallelität der Schnittflächen, d. h. die Maßgenauigkeit ab und die Schwierigkeit, die oberen Schnittränder scharfkantig zu halten, nimmt zu.

Einige unter verschiedenen Bedingungen entstandene Schnittfugen sind in Bild 55 schematisch dargestellt. Die erste, als Normalschnitt anzusprechende Schnittfuge ist durch parallele, scharfkantige Flächen gekennzeichnet, an deren unteren Kanten bei *a* ein geringer Abbrandansatz in Erscheinung tritt, der durch leichte Hammer- oder Meißelschläge mühelos entfernbar ist. Schnittgeschwindigkeit,

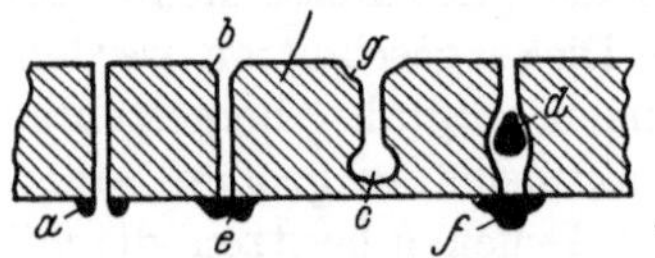

Bild 55. Schematische Darstellung von Schnittfugen.

Flammengröße, Sauerstoffdruck und Düsenabstand waren richtig. Der starke Kantenbruch bei *b* läßt auf eine zu große Heizflamme oder auf zu langsames Schneiden schließen, was an dem an der Unterseite sichtbaren, reichlich großen Abbrandanhang *e* erkennbar ist, der an den Blechkanten anschweißen und deshalb so festhaften kann, daß beim Abmeißeln anteilige Blechstücke mit herausgerissen werden; der Schnitt ist unbrauchbar und das Werkstück u. U. Ausschuß geworden.

Weitaus zu hohe Schnittgeschwindigkeit oder zu geringer Sauerstoffdruck haben das Aussehen der dritten Trennfuge zur Folge. Da der Sauerstoffstrahl nicht die gesamte Werkstückdicke zu durchschlagen vermag, bildet sich in wechselnder Schnittiefe etwa bei *c* eine bauchige Erweiterung aus, in der der Sauerstoffstrahl abgefangen und mit dem Abbrand nach oben geschleudert wird. Hierdurch entsteht eine annormal

Bild. 56. Schlackeneinschluß im geschnittenen Blech.

breite, an den oberen Kanten bei g stark angeschmolzene und deshalb gänzlich falsche Schnittfuge. Das Werkstück wird unbrauchbar.

Schlackeneinschlüsse bei d, die bereits aus oxydiertem Werkstoff bestehen, und Lunker (z. B. in Stahlguß) führen zur Schnittunterbrechung und Verbreiterung der Fuge. Der bei f sich absetzende Abbrand nimmt ein ungewöhnlich großes Volumen an und zeigt gegenüber e ein noch verstärkter auftretendes Verhalten. Solche durch den Werkstoff selbst verursachten Fehler sind nur auf mechanischem Wege zu beheben. Die

Bild 57. Wirkung von Schlackeneinschlüssen in Schnittfugen.

Auswirkung von Schlackeneinschlüssen auf das Aussehen der Schnittflächen kommt in den beiden Bildern 56 und 57 deutlich zum Ausdruck. Bild 57 zeigt die Schnittfläche eines 80 mm dicken Bleches und Bild 56 die eines 30 mm-Bleches, die beide mit Schlackeneinschlüssen durchsetzt waren.

3. Schnittgeschwindigkeit.

Auch die Schnitt-, d. i. die Brennervorschubgeschwindigkeit ist von verschiedenen der oben bereits aufgeführten Faktoren abhängig und wird außerdem beeinflußt von der Schnittdicke, der Beschaffenheit der Düsenbohrungen, dem Sauerstoffdruck und dem Grade der Sauerstoffreinheit. Weder zu niedrige noch zu hohe Schnittgeschwindigkeiten, sondern nur als optimal erkannte und in den Bedienungsvorschriften verankerte Werte sind richtig. Darüber hinaus sind die an das Schnittaussehen gestellten Ansprüche für die Brennervorschubgeschwindigkeit entscheidend.

Ein unverkennbares Merkmal für die richtige Schnittgeschwindigkeit ist die Gestalt des Strahlenbündels, das beim richtigen Brennervorschub auf der Rückseite (Unterseite des Werkstücks symmetrisch und fast genau gleichwinklig zum Sauerstoffstrahl) austritt. Zu langsame Brennerbewegung hat eine deutlich wahrnehmbare Ablenkung des Strahlenbündels in der Schnittrichtung zur Folge, und umgekehrt tritt eine Ablenkung im entgegengesetzten Sinne dann auf, wenn zu schnell geschnitten wird. Dabei muß auf die zu Bild 55 gemachten Ausführungen hingewiesen werden.

4. Aussehen der Schnittflächen.

Die Sauberkeit der Schnittflächen hängt von den mannigfachsten chemischen und physikalischen Bedingungen ab, die sich z. T. aus dem Werkstoff selbst, aus dessen Legierung, Abmessung und Oberflächenbeschaffenheit, Gleichartigkeit, Wärmezustand u. a. ergeben. Daneben sind Sauerstoffdruck und -reinheit, Flammenform, Heizgasart, Temperatur des Sauerstoffs, Vorschubgeschwindigkeit und -gleichmäßigkeit, Düsenbohrungen und -abstand usw. für das Aussehen der Schnittflächen von z. T. ausschlaggebender Bedeutung.

Unter der Voraussetzung einwandfreien Arbeitens, vor allem richtigen Einstellens der Düsen und der Heizflamme, ergeben Autogenschnitte saubere und gleichmäßigere Schnittflächen, als sie beispielsweise durch Drehen erzielbar sind. Ein Vergleich zwischen der Oberflächenrauhigkeit

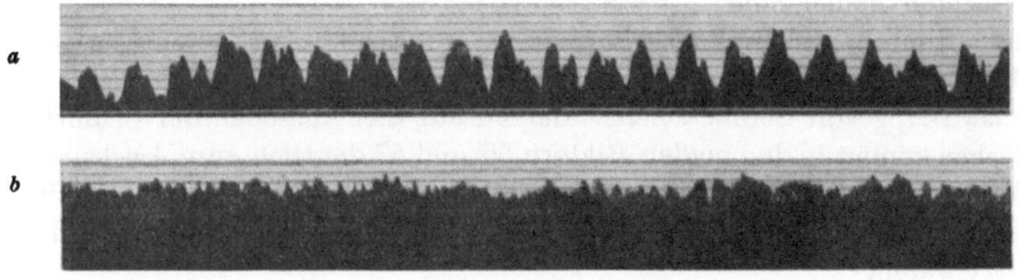

Bild 58. Oberflächen von Stahl St 50, gedreht und geschnitten. V = 200.

einer gedrehten und schwach geschlichteten und einer brenngeschnittenen Stahloberfläche (St 50) veranschaulicht Bild 58. Darin beträgt die Vergrößerung der Schnittflächenunebenheiten das 200fache, die Längenvergrößerung das 20fache, und ein waagerechter Teilstrich entspricht 0,01 mm. *a* ist der Oberfläche des gedrehten, *b* der Brennschnittoberfläche des Werkstücks entnommen. Der Vergleich der Glätte bzw. der Oberflächenrauhigkeit spricht eindeutig zugunsten des Brennschneidens. Die Versuche stammen von MESSER.

Von SIMON, z. T. im Beisein des Verfassers durchgeführte, bisher unveröffentlichte Versuche zur Bestimmung der Oberflächen brenngeschnittener Werkstücke hatten die nachstehenden Ergebnisse. Zunächst wurden mit einer Meßuhr etwa 60 Punkte auf einer 200 mm langen und 80 mm breiten Fläche (Schrägschnitt) eines 100 mm dicken Stahles St 42 genauestens gemessen und eine maximale Abweichung von 0,05 mm von der Meßebene ermittelt, ein Wert, der den Anforderungen an plane Oberflächen weitgehend nachkommt. Werden die Anschnittkante, d. h. der Werkstückrand, an dem der Schnitt angesetzt wurde, und die Ausgangskante, d. h. das Fugenende in den Meßbereich mit einbezogen, dann ergab sich als höchste Abweichung von der Meßebene ein Maß von

0,14 mm. Demnach liegt, wie nicht anders zu erwarten ist, die größere Maßdifferenz zwischen Schnittanfang und Schnittende.

Im Rahmen von Großversuchen wurde eine Beobachtung gemacht, über die bisher in keiner Veröffentlichungsstelle etwas ausgeführt wurde. Es handelt sich um Querriefen, die innerhalb der Schnittriefen auftreten und in Bild 59 an einem Eisenblech von etwa 80 mm Dicke, das in zwei Richtungen schräg geschnitten wurde, ihren Ausdruck finden. Stellt man diese an sich sehr eigentümliche und bisher ungeklärte Erscheinung, die immer wieder auftritt und die etwa das durch Beseitigung der Schlackenschicht mit Drahtbürsten entstandene Aussehen hat, zeichnerisch dar, so gelangt man zu Bild 60. Das in Richtung a von oben nach unten, und zwar nach rechts in Richtung b geschnittene Blech weist

Bild 59. Querriefen in Schnittflächen.

außer den normalen Schnittriefen c zu diesen in einem Winkel von etwa 45° angeordnete kleine, z. T. aber tiefere (etwas gekrümmte) Riefen d auf, als sie den Riefen c entsprechen. Man hat, um festzustellen, ob diese Riefen vom Werkstoff selbst abhängig sind, mehrere Versuche an St 37 bis 50 und auch an verschiedenen Blechdicken angestellt und hat dabei eine offensichtlich nicht verständliche Erfahrung gemacht, die darauf beruht, daß auch bei kreisförmigen Schnitten, als unangesehen die Walzfaser des Werkstoffs, diese Riefen einmal links-, einmal rechtsseitig, d. h. einmal mit der, einmal gegen die Schnittrichtung auftraten. Die Ergründung dieser Ursache ist z. Zt.

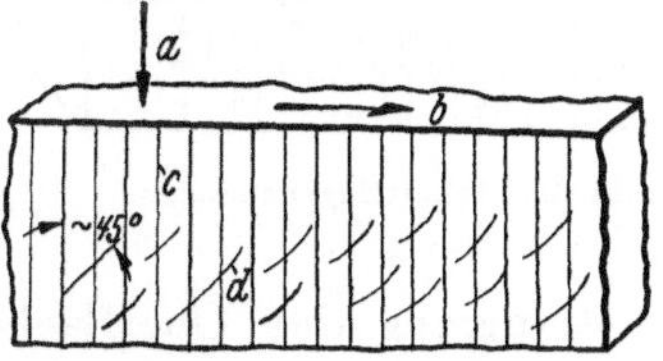

Bild 60. Querriefen in Schnittflächen.

Gegenstand einer Doktorarbeit, die sich auch mit der Frage der Entstehung der Schnittrillen als solchen befassen soll.

Mit dem „SCHMALZ"-Gerät für die Untersuchung von Werkstoffoberflächen angestellte Versuche haben die in Bild 61 graphisch aufgezeichneten Werte ergeben. Dabei zeigt sich, daß die Riefentiefen je nachdem, ob waagerecht bei B oder schräg bei A geschnitten wurde, Werte von bis zu 30/1000 bzw. auch über 40/1000 mm hatten. Um einen Schnitt, der jedwede mechanische Bearbeitung ausschließt, sicher zu stellen, erscheinen die angegebenen Werte vielfach noch als zu hoch, weshalb der Verringerung oder dem völligen Entfall der Riefen besonderes Augenmerk zugewendet werden muß.

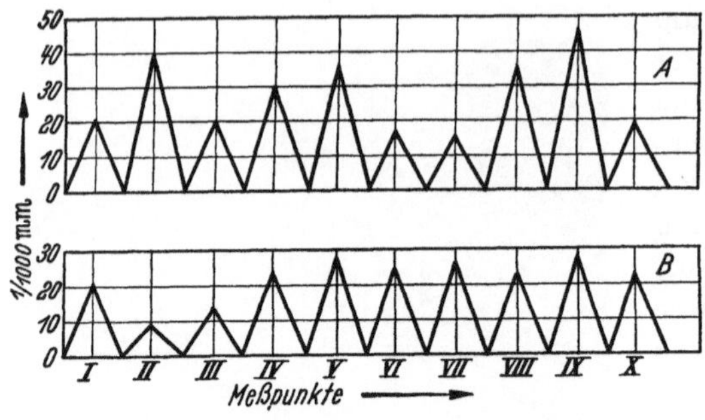
Bild 61. Riefentiefe in Schnittflächen.

Bei Betrachtung selbst sauberster, von anhaftendem Zunder nur mäßig befreiten Schnittoberflächen unter dem Mikroskop (es genügt schon eine 20—25fache Vergrößerung) ist eine unterschiedliche Beschaffenheit der Oberflächen feststellbar, die mit unbewaffnetem Auge schwieriger zu erkennen ist. Ein einige Millimeter breiter, von der Werkstückdicke d abhängiger Streifen b, Bild 62, des in Richtung a durchschnittenen Bleches ist, auch bei Verwendung von Azetylen als Heizgas, besonders glatt. Ihm lagert sich entfernt der Vorwärmflamme ein etwa doppelt so breiter, aus festem anhaftendem Abbrand bzw. Zunder bestehender Streifen c vor, und erst die restliche, in ihrer Höhe e begrenzte Fläche geht plötzlich in die normale schwachgeriefte Form über. Im Streifen c sind dem Abbrand eigentümliche, ungleichmäßige, wellige Rillen vorhanden, in und neben denen sich zahlreiche winzig kleine Oxydkügelchen vorfinden. Über das Entstehen dieser an sich etwas merkwürdigen im nahen Bereiche der Heizflamme sich vorfindenden Erscheinung, die der Verfasser an vielen unter normalen Bedingungen entstandenen Schnittflächen beobachten konnte, ist bisher noch nichts Näheres bekannt geworden. Erst nach gründlicher Reinigung der Oberfläche von diesem etwas fester angesinterten Band tritt die normale Riefenausbildung zutage.

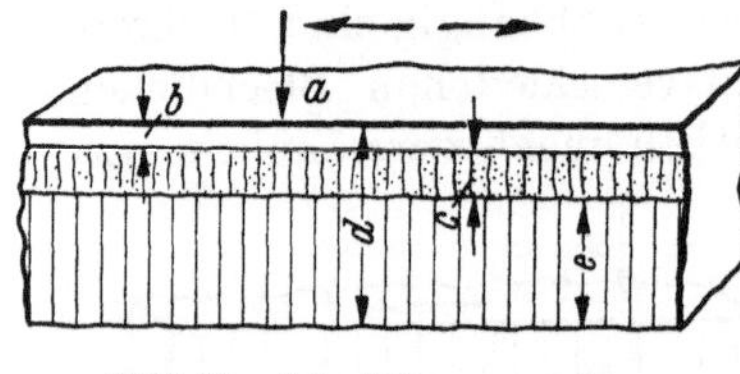
Bild 62. Schnittfugenaussehen.

5. Schnittgenauigkeit.

Auf die Schnittgenauigkeit wurde im einzelnen bereits in verschiedenen Unterabschnitten eingegangen und die Faktoren wurden aufgezeigt, die sie mehr oder weniger stark beeinflussen. Im Hinblick auf die z. Zt. schon ansehnliche konstruktive Entwicklung der Schneidmaschinen, zählt die Forderung einer Maßgenauigkeit des Schnittes von 0,1 mm nicht mehr zu den Seltenheiten, so daß in manchen Fällen Maßzuschläge für eine mechanische Nachbearbeitung des Werkstücks entfallen können. Allerdings sind die Bestrebungen, eine Schnittgenauigkeit zu erzielen, die jedwede Nachbearbeitung des Werkstücks erübrigt, bisher nicht zu verwirklichen gewesen. Es wird verhältnismäßig großer Anstrengungen bedürfen, die Einstellbarkeit der Schnittgeschwindigkeit in der Durchbildung der Schneidmaschine gelöst zu sehen. Man wird noch mehr, als dies bis jetzt der Fall war, versuchen müssen, sich den Eigenschaften von Werkzeugmaschinen anzupassen, da die Grenze des mit Brennschneidmaschinen Erreichbaren noch in gewissem Abstande liegt.

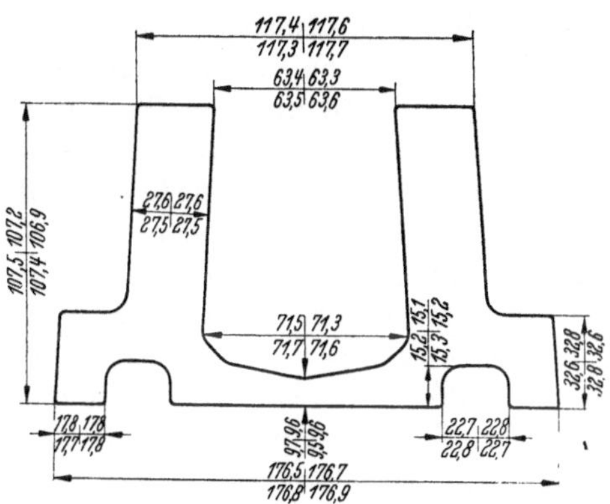
Bild 63. Vergleichsmessungen an Formschnitten.

Vergleichsmessungen (Messer) an vier mit Stahlblechschablonen maschinell geschnittenen Werkstücken aus St 42, die zwecks Feststellung der Maßhaltigkeit vorgenommen wurden, sind in Bild 63 angegeben. Die Blechdicke des Formschnittes beträgt rund 20 mm; die eingetragenen Ziffern bedürfen keiner weiteren Erläuterung.

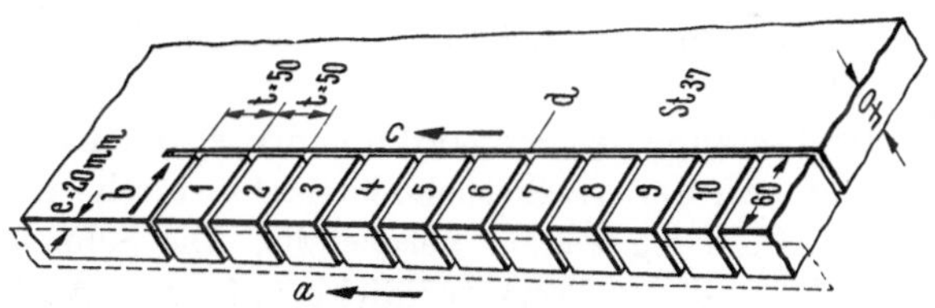
Bild 64. Schnittversuche an St 37.

Versuche dieser Art an großen Blechtfeln (St 37) stellte Simon[1] an. Die Versuchsanordnung ist in Bild 64 veranschaulicht. Von einer großen 40 mm dicken Blechtafel wurde zunächst ein 20 mm breiter Streifen e in Richtung des Pfeiles a abgeschnitten und darauf wurden 11 quer dazu verlaufende Rechtecke von 60 mm Länge und $\sim$ 50 mm Breite eingeschnitten (Schnittrichtung b). Zum Schlusse sind die Rechtecke 1—10 durch den Längsschnitt c aus dem Blechverband herausgenommen worden. Der Transport des Brenners erfolgte durch einen genau auf $t =$

---

[1] Persönliche Mitteilungen an den Verfasser.

50 mm Breite eingestellten Rapporteur. Beim Schneiden der ersten 6 Stücke (bis zum Punkt *d*) wurde der Schneidsauerstoffdruck variiert und die Heizflamme verändert. Die Auswirkung auf die Maßgenauigkeit war folgende: In der Reihenfolge der Ausschnitte 1—6 gemessen 47,26—47,25—47,97—47,48, 47,26—47,37, im Mittel demnach 47,43 mm. Die Schwankungen in der Stückbreite beliefen sich auf 0,72 mm maximal. Wurden Sauerstoffdruck und Heizflamme nicht verändert, wie dies für die Ausschnitte 7—10 zutraf, dann waren die Maßabweichungen wesentlich geringer. Sie betrugen in der Reihenfolge 7—10 = 47,52—47,52 — 47,52 — 47,49. Mit anderen Worten waren beim Ausmessen mit einer Präzisionsmikrometerschraube an den ersten drei Stücken (7—9) überhaupt keine Maßunterschiede festzustellen und nur bei 10 trat ein Unterschied von 0,03 mm auf, was auf den Endschnitt zurückgeführt werden kann. Die Maße wurden an der vorderen Längskante *a* abgenommen. An der Schnittkante *c* waren Maßdifferenzen gegenüber 47,52 mm von 0,07 mm feststellbar. Diese Konizität bzw. die Abweichung von der Parallelität der Flächen ist auf die feste Einspannung der Schnitte im Blechverband und auf das auf S. 63 näher erläuterte Wandern des Werkstücks zurückzuführen.

D. Technik des Brennschneidens.

1. Handhabung des Handschneidgeräts.

Daß Schneidbrenner — wie alle übrigen Werkzeuge, von denen man einwandfreies Arbeiten verlangt — pfleglich behandelt werden müssen, ist selbstverständlich. Faßt man die wichtigsten, für das Entstehen ansehnlicher Schnitte zu beachtenden Punkte zusammen, dann ergibt sich folgende Aufstellung:

1. Vor Inbetriebsetzung des Schneidbrenners wird zunächst der richtige Düsenabstand von der Werkstückoberfläche durch entsprechende Höhenstellung des Führungswagens hergestellt. Die Schneiddüse muß je nach ihrer Größe und der Werkstoffdicke auf einen Abstand bis zu 2 mm an die Oberfläche des Werkstücks herangebracht werden, damit der Sauerstoffstrahl auf längere Strecken möglichst kompakt bleibt und nicht zu breite Schnittfugen entstehen. Als Regelwerte für den Düsenabstand beim Schneiden mit Azetylen können die in Tab. 6 gelten. Bei Verwendung von Wasserstoff oder Leuchtgas als Heizgas sind annähernd die doppelten Düsenabstände notwendig.

Um sich nicht auf sein Augenmaß und bloßes Abschätzen des Düsenabstands verlassen zu müssen, sind einfachste werkstattmäßige Mittel in Form von *Distanzplättchen* empfehlenswert. Sie bestehen, wie Bild 65 zeigt, aus zu viert oder zu sechst zu einem Stern vereinigten, am besten aus 10 mm-Rundkupfer hergestellten, zylindrischen Scheiben von verschiedener Höhe, deren Dickenmaß auf den einzelnen Kopfflächen eingeschlagen ist. Nach diesen zwischen Düsenmündung und Werkstück geklemmten Plättchen wird die Höheneinstellung des Brennerwagens

Tabelle 6. Abstand der Heizdüse von Werkstückoberfläche.

Werkstück-(Blech-)Dicke in mm	Düsenabstand in mm
3— 10	2— 3
10— 25	3— 4
25— 50	3— 5
50—100	4— 6
100—200	5— 8
200—300	7—10
über 300	8—12

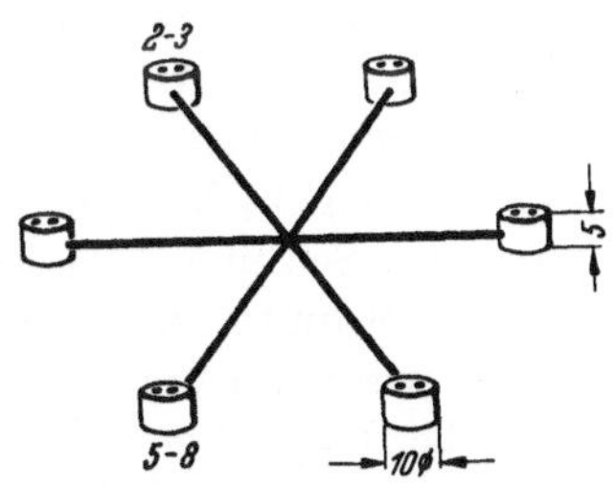

Bild 65. Distanzplättchen zum Schneiddüsen-Einstellen.

vorgenommen. Ein anderes brauchbares Hilfsmittel ist die in Bild 66 skizzierte Lehre, die aus einem stufenförmig abgesetzten Metallstück besteht.

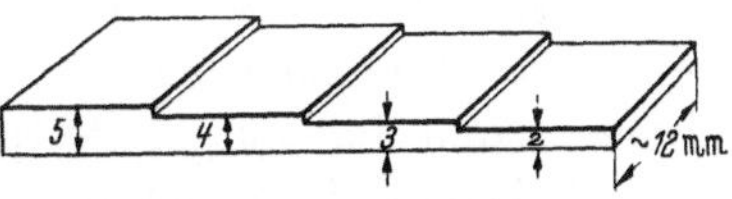

Bild 66. Lehre für Düsenabstand.

2. Darauf ist die Heizflamme in der vom Schweißen her bekannten Weise, d. h. vom Gasüberschuß ausgehend, neutral einzustellen und das Sauerstoffventil kurz zu öffnen. Dabei zeigt sich, daß Zweischlauchbrenner mit gemeinsamer Sauerstoffzufuhr, insbesondere mit konzentrischen Düsen versehene Brenner eine wiederum durch Gasüberschuß gekennzeichnete, schwankende Flamme bilden. Dies hat seine Ursache darin, daß ein Teil des für die Heizflamme bestimmten Sauerstoffs durch den Druckabfall für diese verlorengeht und in die Schneiddüse übergeleitet wird. Man muß deshalb die Heizflamme bei geöffnetem Schneidsauerstoffventil einregeln. Schwere Dreischlauchbrenner bedürfen dieser Maßnahme nicht, weil der Schneidsauerstoff dem Gerät getrennt vom Heizsauerstoff zugeleitet wird und deshalb diesen weder in seiner Menge noch im Druck beeinträchtigen kann.

3. Die Heizflamme wird an den Ausgangspunkt des Schnittes herangeführt und bei eintretender Weißglut wird das Schneidsauerstoffventil am Brenner geöffnet.

4. Der Schnitt soll möglichst an einer *Kante* des Werkstücks eingeleitet werden. Muß der Schnitt auf der Fläche beginnen (Ausschnitte), so wird zweckmäßig im Abfallstück ein Loch gebohrt, von dessen Rand aus das Schneiden einsetzen kann.

5. Der Brenner wird zu Beginn des Schneidens so lange auf die betreffende Stelle gehalten, bis der Sauerstoffstrahl die *gesamte Blechdicke durchschlagen* hat.

6. Der Schneidbrenner muß gleichmäßig mit richtiger *Vorschubgeschwindigkeit* und darf nie ruckweise oder rückwärts bewegt werden. Andernfalls werden die Schnittflächen furchig und unsauber, und der Schneidvorgang erfährt Unterbrechungen.

7. Bei *Unterbrechungen* des Schneidvorganges, die, wenn Werkstofffehler nicht vorliegen, bei einiger Übung nicht vorkommen sowie bei Beendigung des Schnittes, ist der Sauerstoffstrahl sofort abzustellen. Unterbrochene Schnittstellen sind abermals anzuwärmen, und es ist so zu verfahren wie beim Schnittbeginn.

8. Zu große *Heizflammen* beschleunigen den Schneidvorgang, wie oft irrtümlich angenommen wird, *nicht*. Im Gegenteil, sie haben unsaubere und immer angeschmolzene Schnittkanten zur Folge. Die Flamme soll nur so groß bemessen sein, wie zur ausreichenden Erwärmung der Schnittkanten erforderlich ist. Auch ein zu hoher *Sauerstoffdruck* ist nachteilig. Man richte sich, sowohl was die Gasmengen- und Druckverhältnisse anbelangt, als auch hinsichtlich der Schnittgeschwindigkeit nach den Düsennummern und den mitgelieferten Firmentabellen.

9. Unsaubere, d. h. durch anhaftende Schlacken oder sonstwie verunreinigte Düsen ergeben stark riefige Schnittflächen und führen zu Flammenrückschlägen. Bei Flammenrückschlag sind die Brennerventile unverzüglich abzusperren, und der Brennerkopf ist im Wasser zu kühlen.

2. Störungen beim Brennschneiden.

In nachstehender Aufstellung sind die beim Brennschneiden am häufigsten auftretenden Störungen und Fehler sowie ihre Ursache und Beseitigung in Tab. 7 übersichtlich zusammengefaßt.

3. Schnittausführung.

Brennerhaltung und -bewegung. Denkt man vorerst im wesentlichen an Handschnitte, so ist in Ergänzung der im Abschnitt D1 erwähnten 9 Punkte das Folgende herauszustellen:

Unter Punkt 4 wurde auf den *Schnittbeginn* an einer Werkstoff*kante* hingewiesen. Bild 67 veranschaulicht dies. Der Brennerwagen A wird mit Hilfe des Distanzplättchens (Bild 65 u. 66) so eingestellt, daß der Abstand b zwischen Düse a und Werkstückoberfläche l dem auf S. 57 angegebenen Maß entspricht. Dabei darf, bezogen auf den Brenner mit konzentrischen Düsen, die S-Düse um höchstens 0,3 mm gegenüber der H-Düse vorstehen. Darauf wird der Brennerkopf bei i befestigt. Liegt der auszuführende Schnitt nur um das Maß d von der Kante g des s mm dicken Bleches entfernt, so daß das Rädchen f außerhalb des Werk-

Tabelle 7. Störungen beim Schneiden.

Störungs-stelle:	Störungen oder Fehler:	Ursache:	Abhilfe:
Flamme	Flamme läßt sich nicht an-zünden	Kein Brenngas vorhan-den	Druckminderer, Ventile und Schläuche prüfen. Entwickler oder Gasflasche prüfen. Druck vermindern.
		Sauerstoffdruck zu hoch	
	Flamme brennt schlecht	Gasmangel, verstopfte Schläuche oder Heiz-düsen	Wasservorlage auf richtigen Wasserstand prüfen, Inhaltsdruckmesser an Gas-flasche überprüfen; Gasschlauch mit Preßluft oder Stickstoff ausblasen. Heiz-düse vorsichtig mit Holzspan oder Reini-gungsnadeln reinigen.
		Beschädigte oder mit Grat behaftete Düsen	Bohrung und Mündung der Heizdüse sorgfältig glätten.
		Wasser im Brenngas-schlauch	Wasservorlage ist zu hoch gefüllt, Wasser bis auf richtigen Spiegel ablassen.
		Azeton im Brenngas (bei Flaschengas)	Gasentnahme zu groß. Stündliche Gas-entnahme je Flasche höchstens 1000 l, sonst mehrere Flaschen zusammenkop-peln.
		Flamme brennt schief	Nachsehen, ob Düse gut angezogen und Dichtfläche in Ordnung ist. Düse rei-nigen.
	Brenner knallt beim Anzünden des Gasgemi-sches	Zu niedriger Sauerstoff-druck. Druckminderer ist eingefroren, Mano-meterzeiger zittert	Höheren Druck einstellen. Druckminde-rer durch Aufschütten heißen Wassers auftauen. Sauerstoff vorwärmen. Elek-trische Heizspirale um Druckminderer-kanal legen.
		Überwurfmutter am Schneideinsatz ist lose.	Mutter mit Schlüssel anziehen.
		Brennerspitze verstopft	Düse mit Düsennadeln oder Holzspan rei-nigen.
		Düsenbohrung stark be-schädigt	Düse auswechseln.
	Flamme schlägt zurück, Bren-ner knallt	Sauerstoffdruckhatnach-gelassen, Brenner ist zu heiß geworden	Sofort Ventile am Brenner schließen. Flasche auf Inhalt überprüfen, gegebe-nenfalls gegen Vollflasche austauschen. Brenner im Wasser abkühlen.
		Düsen sind nicht fest ge-nug angezogen.	Düsen mit Schlüssel nachziehen.
		Flamme zu dicht an Werkstückoberfläche.	Richtigen Abstand (S. 57) herstellen.
Schneid-strahl	Sauerstoffstrahl ist nicht ge-schlossen und zerflattert	S-Düse verstopft. Zu kleine Austrittsge-schwindigkeit des Sauer-stoffs.	Düse reinigen. Sauerstoff erhöhen.
Unsaubere Schnitt-kanten	Obere Schnitt-kanten sind stark abgefast oder abgerun-det	Heizflamme zu groß. H-Düsenabstand zu klein.	Flamme schwächer einstellen oder H-Düse wechseln.
		Schnittgeschwindigkeit zu gering.	H-Düse weiter zurücksetzen. Vorschub-geschwindigkeit erhöhen.
Unsaubere Schnitt-flächen	Schnittflächen sind stark rie-fig und aus-gekolkt	Schnittgeschwindigkeit ist zu gering.	Vorschubgeschwindigkeit erhöhen.
		Vorschub ungleichmäßig	Gleichmäßige Brennerbewegung beachten.

Störungs-stelle	Störungen oder Fehler	Ursache	Abhilfe
Werkstoff-fehler		Sauerstoffreinheit zu gering	Möglichst nur Sauerstoff von über 99% Reinheit verwenden.
		Unsaubere Werkstück-oberflächen (Rost, Zunder, Farbanstrich, Metallüberzug)	Oberfläche säubern, evtl. mit Schweißflamme abbrennen, mit Drahtbürste reinigen.
		Sauerstoffdruck zu gering	Druck erhöhen.
	Starker Grat u. Abbrandansatz an der Unterkante	Werkstoff schmilzt hinter dem Sauerstoffstrahl wieder zusammen, besonders beim Schneiden dünner Bleche. Sauerstoffdruck, Schnittgeschwindigkeit, Heizflamme u. S-Düse sind zu groß	Die angegebenen Mängel durch richtiges Bemessen von Druck, Flammen- und Düsengröße sowie der Schnittgeschwindigkeit abstellen.
	Schnittriefen laufen nach (stark kurvig)	Schnittgeschwindigkeit zu hoch	Vorschubgeschwindigkeit verringern.
	Werkstoff ist schlecht schneidbar, Schnittflächen werden zu hart	Stahl zu hoch gekohlt oder enthält Legierungsbestandteile, die den Schneidvorgang ungünstig beeinflussen (Mo, Cr, Al usw.)	Stahl mit mehr als 2% C-Gehalt ist ohne Vorwärmung (s. S.100) nicht mehr schneidbar.
		Schlackeneinschlüsse, starke Seigerungen im Werkstoff	Abhilfe nur selten möglich, wenn erhöhter Sauerstoffdruck nicht zum Erfolge führt.
	Schnitt reißt ab	Es sind Dopplungen im Werkstoff vorhanden	Man versuche, den Schnitt in entgegengesetzter Richtung nochmals zu beginnen. Erfolgswahrscheinlichkeit sehr gering. Stelle muß mechanisch getrennt werden.
		Es wird zu schnell geschnitten.	Vorschub verlangsamen.
Spannungen	Werkstück verzieht sich stark	Schrumpfwirkungen besonders bei schmalen Streifen und Walzprofilen	Abhilfe siehe S.99.
	Im Werkstück treten rechtwinklig zum Schneidstrahl Risse auf	Spannungs- oder Härterisse	Anlaß- oder Warmschnitt durchführen (S.100).

stücks, also freischwebend sein würde, dann sind für die Führung des Brenners folgende Möglichkeiten gegeben:

Es kann versucht werden, falls die Strecke *d* noch ausreichend ist, das rechte Rädchen *f* durch Verstellung des Schlitzes *k* nach links so weit über den Rand *g* heranzubringen, daß es knapp neben dem Brennerkopf auf dem Blech selbst abrollt. Geht dies nicht, dann muß ein schraffiert gezeichnetes Führungsblech h oder etwas ähnliches an den Blechrand g angestoßen werden, auf dem das Rädchen f ablaufen kann. Wird ein sauberer und genauer Maßschnitt nicht verlangt, dann kann der im Bild 14 gezeigte Einradwagen Verwendung finden.

Das linke Rädchen f_1 wird zweckmäßig an einer auf dem Blech befestigten Führungsschiene c, z. B. einem Flacheisen entlangbewegt. Bei Schrägschnitten wird der Wagen A durch Schwenken des Kulissenschlitzes k um i auf den gewünschten Abschrägungswinkel eingestellt.

Man merke sich: Der Schneidbrenner ist ausnahmslos so zu halten und zu bewegen, daß die S-Düse a mit der Werkstückoberfläche l und der Schnittrichtung, demnach nach allen Seiten hin, *rechtwinklig* steht. Winkel α und β betragen bei Geradschnitten mithin stets 90°. Nur bei

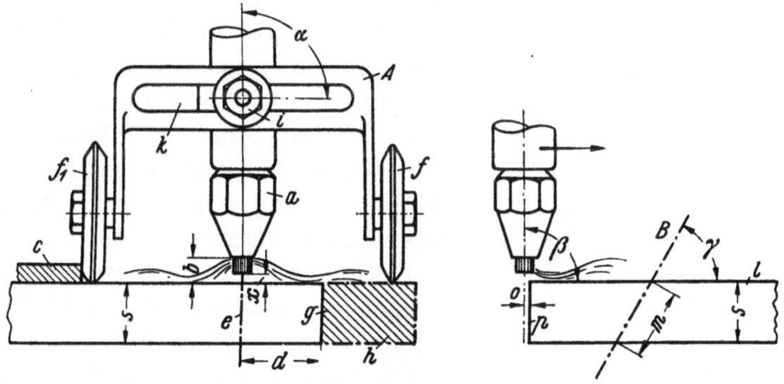

Bild 67. Anstellen des Schneidgeräts.

Schrägschnitten ist diese Bedingung in bezug auf die Blechoberfläche natürlich nicht erfüllbar. Aber auch dann bleibt die Stellung des Brennerkopfes zur Schnittrichtung mit 90° bestehen. Jede Abweichung hiervon bedeutet einen Mehraufwand an Zeit und Betriebsstoffen. Ist der Schneidstrahl beispielsweise zur Blechoberfläche auf den Winkel γ eingestellt, so muß gemäß der trigonometrischen Funktion die Schnittdicke m größer sein als die Werkstoffdicke s. Mit abnehmendem Winkel γ, d.h. je spitzwinkliger γ wird, um so mehr wächst das Maß m an. Gehrungs- oder Schrägschnitte sind deshalb immer etwas teurer als normale Senkrechtschnitte. e deutet die Mittellinie des Schneidstrahles an. Zwischen Heizflammenrand und Blechoberfläche l muß ein geringer Abstand x vorhanden sein, damit die Flamme an keiner Stelle mit der Blechoberfläche in unmittelbare Berührung kommt. Seitlich gesehen, ist die Ausgangsstellung der Brennerdüse die bei B skizzierte. Die Düsenmitte ist zu Beginn und während des Vorwärmens um eine kurze Strecke o vom Blechrande p entfernt. Sobald die Verbrennungstemperatur des Stahles an der oberen Kante von p erreicht ist, wird das Schneidventil geöffnet und der Brenner nur so weit nach rechts bewegt, bis der Sauerstoffstrahl die Fläche p in ihrer Gesamthöhe s erfaßt hat. Erst wenn dies der Fall ist und der Schneidstrahl auf der Gegenseite von l heraustritt, darf der Brenner in Schnittrichtung fortbewegt werden.

4. Schnittansatz.

Allgemeines. Bleibt man zuächst beim Blechschnitt, dann ist hervorzuheben, daß der Schnittansatz, d. h. die Ausgangsstelle für den Schneidvorgang nicht immer beliebig sein kann, sondern einer Hauptbedingung unterworfen ist: der Rücksichtnahme auf mögliche, durch Spannungen bewirkte Form- und Maßveränderungen. Man kann hierbei von einem Wandern der Werkstücke sprechen, das seine Ursache im Auseinanderstreben und Verlagern der bereits geschnittenen Blechteile hat. Demnach treten beim Schneiden die vom Schweißen her bekannten Erscheinungen des Spaltzusammenziehens im umgekehrten Sinn auf. Dieses Auseinanderziehen bereits geschnittener Blechteile muß schon durch folgerichtigen Schnittansatz und bei bestimmten Schnittformen auch während des Schneidens mit besonderen Hilfsmitteln, z. B. durch Eintreiben von Keilen in die Fuge, begegnet werden, wovon im folgenden und später im Abschnitt über Spannungen die Rede sein wird.

Schnittbeginn an Werkstückkanten. Geht man von einigen einfachen Beispielen des Bildes 68 aus, so ist zu wiederholen, daß bei Werkstückanriß für deutliche, möglichst auf einer Schlemmkreideschicht angebrachte Körnerschläge — wie bei I — zu sorgen ist. Kreidelinien genügen nicht, da sie unter der Heizflamme schlecht sichtbar sind. Gleichgültig, ob der Ausschnitt a oder b in I gebraucht wird und unangesehen der Blechdicke, wird der Schnitt bei 1 und nicht an der Spitze bei 2 angesetzt. Im Falle II ist angenommen, daß die schraffierte Fläche c gebraucht wird und d Abfall ist. Der Schnitt kann sowohl bei 3 wie bei 4 angesetzt werden.

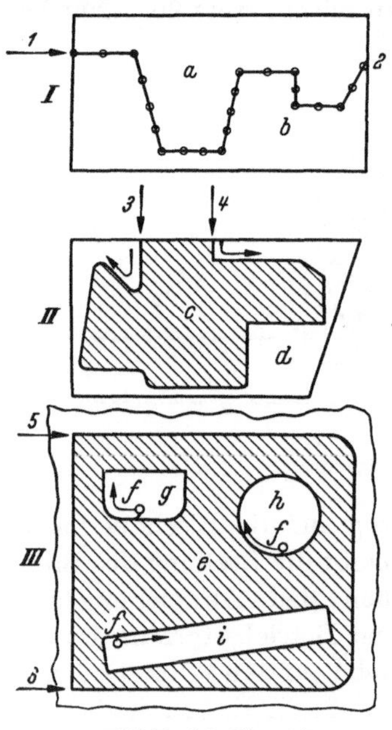
Bild 68. Schnittansätze.

Der Brennschneider hat sich vor Arbeitsbeginn zu überlegen, wo der Schnitt angesetzt werden und in welcher Richtung er verlaufen muß, wenn durch Spannungserscheinungen verursachte Formänderungen im Werkstück verhütet oder auf das geringste Maß beschränkt werden sollen. Wie bereits beim Schnittansatz dem Ausweichen der getrennten Bleche, das man auch als Wandern bezeichnet, begegnet werden kann, soll an einigen häufig vorkommenden Beispielen betrachtet werden.

Im Bild 69 sind als einfachste Beispiele einige, in der Nähe des Blechrandes auszuführende Kreisschnitte skizz ert, die richtige und falsche Schnittansätze und -richtungen aufweisen. Man muß von dem Gesichtspunkt ausgehen, die Anschnittstelle und noch mehr die Schnittrichtung so zu wählen, daß der geringste Wärmeverzug und möglichst keine Durchmesser- oder Maßunterschiede auftreten. Andernfalls sind Maßabweichungen von mehreren Millimetern nicht vermeidbar. Zwischen Werk-

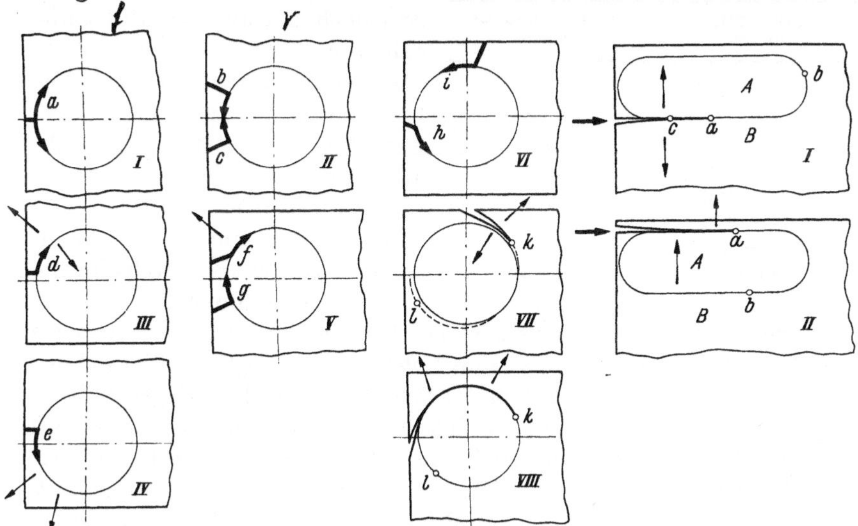

Bild 69. Schnittansätze und Schnittfolge. Bild 70. Schnittansätze.

stückrand und Stoßstelle von Schnittanfang und -ende muß ein möglichst breiter Steg erhalten bleiben, d. h. meistens muß der Sauerstoffstrahl bis zum Schnittende tunlichst weit vom Blechrand entfernt gehalten werden. In der Nähe des Blechrandes tritt an diesen Stellen eine hohe Erhitzung auf, die deutlich erkennbare, weiter oben als Wandern bezeichnete Lageveränderungen des Werkstücks im Gefolge hat. Deshalb ist I falsch, gleichgültig, ob der Schnitt *a* nach oben oder nach unten geführt wird. Allein richtig sind die beiden Schnittführungen *b* und *c* in II, bei denen Schnittanfang und -ende zusammenfallen.

Schnittbeginn in Werkstückflächen. In Bild 68 III seien vier getrennte Schnitte im benutzten Blech *e* auszuführen, und zwar ein Randschnitt und die Ausnehmungen *g*, *h* und *i*. Hier werden zweckmäßig die zuletzt genannten, in der Blechfläche gelegenen Ausschnitte zuerst hergestellt; da für diese keine Kante für den Schnittansatz vorhanden ist, greift man zu einem einfachen Hilfsmittel, das darin besteht, in den Abfallstücken an geeigneter Stelle ein Loch f zu bohren, an dessen Rand der Schnitt eingeleitet werden kann. Nur bei verhältnismäßig dünnen Blechen, bis etwa 10 mm Dicke, ist es möglich, mit dem Schneidbrenner selbst Löcher herzustellen. Das geschieht, indem die Brennerdüse schräg in einem Winkel von etwa 45° zur Blechoberfläche geneigt wird, um den zurückztrahlenden Sauerstoff und den Abbrand seitlich von der Düse austreten zu lassen, damit sie nicht verstopft und Flammenrückschlag verhütet wird. Diese Arbeitsweise ist jedoch nur als eine Hilfsmaßnahme anzusehen und wird weitaus mehr durch mechanisches Lochbohren mit geeigneten Bohrwerkzeugen ersetzt. Der Lochdurchmesser richtet sich nach der Werkstoffdicke und schwankt zwischen 5 und 35 mm, wobei die Zahlen der Tab. 8 als Durchschnittswerte gelten können.

Tabelle 8. Lochdurchmesser beim Durchschlagen von Blechen.

Werkstoffdicke in mm	Lochdurchmesser in mm
bis 5	5
5— 15	8
15— 25	10
25— 50	12
50—100	15
100—200	20
200—300	25
über 300	25—35

Zurückkommend auf das Beispiel Bild 68 III, wird man zunächst g und h in beliebiger Folge, an den Bohrlöchern f beginnend, ausschneiden. Der Schnitt geht von dem der Schnittlinie nächst gelegenen Lochrand aus, wird vorsichtig an die Schnittlinie herangeführt und verläuft dann in Richtung der eingezeichneten Pfeile. Sodann wird i und anschließend erst der Randschnitt, bei 5 oder 6 beginnend, ausgeführt.

Im Unterschied zu I und II in Bild 69 sind im Falle III und IV in der Ecke einer Blechtafel Kreisschnitte auszuführen. Dabei setzt man nicht bei d, sondern bei e an und bewegt den Brenner in umgekehrter Richtung. Dasselbe gilt für die Schnitte V und VI, wobei die Schnittansätze bei f und h falsch, bei g und i richtig sind. Besondere Schnittgenauigkeit wird am besten dadurch erzielt, daß man das Auseinanderstreben der Blechteile verhütet, indem der Anschnitt von einem 3—10 mm (je nach Blechdicke) vom Kreisausschnitt entfernt liegenden, vorgebohrten Loch ausgeht.

Versucht man, Sperren und Verlagern der Kreisschnitte zeichnerisch darzustellen, dann kommen die Skizzen VII und VIII zustande, von denen VII die Auswirkung einer falschen Schnittrichtung deutlich macht. Sowohl das Abfallstück, d. h. die Blechtafel selbst, wie auch die auszubrennende Scheibe sind ohne Bewegungsfreiheit. Ist die Schnittlinie bis etwa zum Punkte l fortgeschritten, dann werden sich die Blechränder bei k bereits verklemmen oder übereinanderschieben. Mit dem Zirkel oder maschinell ohne Werkstückanriß geschnitten, ist anstatt eines kreisförmigen ein ovaler Schnitt zu erwarten, und das Auseinanderfedern der anteiligen Blechränder (Pfeile) tritt erheblich stärker auf als bei richtiger Schnittführung. Dies ist bei VIII angegeben; der abfallende Teil ist elastischer und die Bewegung des Bleches beschränkt sich auf ihn allein, auch dann noch, wenn die Trennfuge bereits bei l angekommen ist. Nötigenfalls kann zwecks Öffnung des Spaltes bei k ein Keil eingetrieben werden.

Wie liegen nun die Verhältnisse bei am Rande einer Blechtafel auszuführenden länglichen Formausschnitten des Bildes 70? I ist falsch, weil beide Teile A und B zu stark eingespannt sind und beim Vorrücken des Schnittes bis in die Gegend von b bereits ein starkes Übereinanderschieben von A über B auftritt, dem nur durch Eintreiben eines Keiles in die Schnittfuge etwa bei c abgeholfen werden kann. Der bessere, in II angedeutete Schnittansatz gestattet Teil A nach oben ein elastisches Mitgehen, und auch Teil B kann sich, wenn der Schnitt bei b angelangt ist, nach außen frei bewegen. Ein Übereinanderschieben oder Zusammenpressen der Blechränder tritt dann nicht auf.

5. Maschinelle Schablonenschnitte.

Feststehende Schablonen. Die Ausbildung der Ecken an Schablonen-schnitten ist von der Art der Schablonen und dem Durchmesser der Magnetrolle abhängig, wovon weiter oben bereits die Rede war. In Bild 71 sind einige Beispiele schematisch skizziert. *I* stellt eine *Innenschablone* b dar, an der das Magneträdchen a abrollt. c ist die Mittellinie der Schnittfuge. Da der Radius der Eckenabrundung d der Schablone dem Radius der Magnetrolle entspricht, entsteht an der an und für sich, vielleicht scharfkantig gewünschten Ecke, wie

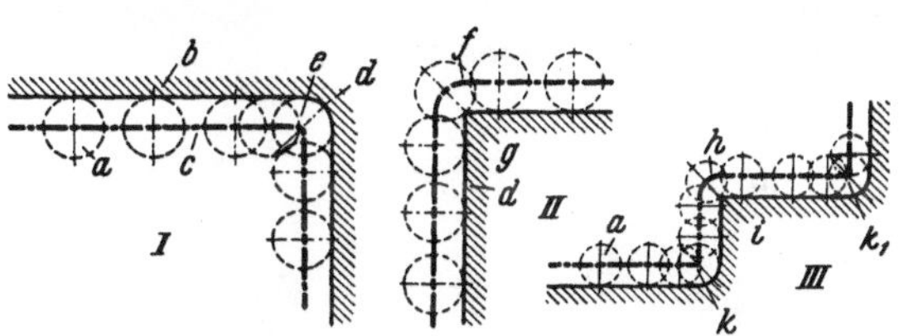

Bild 71. Eckenausbildung bei Schablonenschnitten.

die Linie c erkennen läßt, eine nur schwache Abrundung e. Sie wird, wie f in II andeutet, erheblich größer, wenn die Rolle a über die Ecke g einer *Außenschablone* abläuft. Eine Kombination aus beiden stellt den nach Schablone III ausgeführten Stufenschnitt her, wo $h = f$ und k und $k_1 = e$ entsprechen.

Verstellbare Schablonen. Zur Vereinfachung der Schablonen für sich wiederholende Schnittformen an demselben Körper können verstellbare oder Steckschablonen verwendet werden, die in Abhängigkeit von der Schnittlinienteilung verschiebbar und durch Stifte oder Rasten fixierbar sind. Einige Beispiele sollen dies erläutern.

An dem reihenmäßig in verschiedenen Größen hergestellten Rohling eines Ventiltellers II in Bild 72 werden alle Ausschnitte unter Verwendung zweier verstellbarer Schablonen ausgeführt. Die eine hiervon ist bei I skizziert. Sie besitzt nur die Hälfte der sechs äußeren und sechs

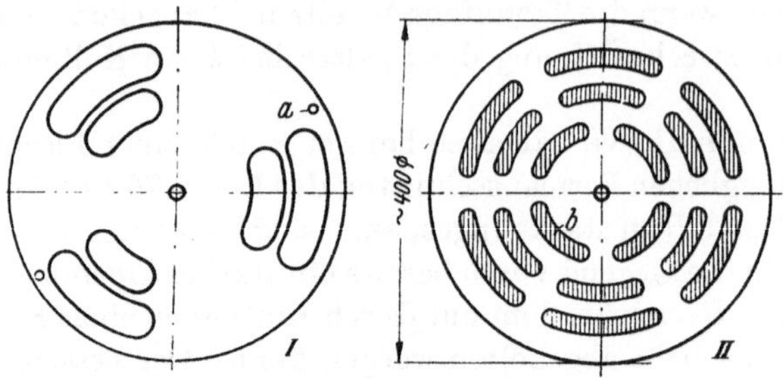

Bild 72. Geschnittene Ventilteller, mit Schablone.

mittleren kranzförmig angeordneten Ausschnitte und wird nach Fertigstellen je dreier Ausschnitte um die entsprechende Teilung versetzt und durch in a eingesetzte Stifte gehalten. Mit anderen Worten: sie muß zur Ergänzung der übrigen Ausschnitte weitergedreht werden, damit die $^1/_6$ Teilung der beiden äußeren Kreisschlitze erreicht wird. Eine zweite Schablone, die für den inneren Kranz b mit ¼ Teilung bestimmt ist, wird erst nach Vollendung der äußeren Schlitzreihen angesetzt.

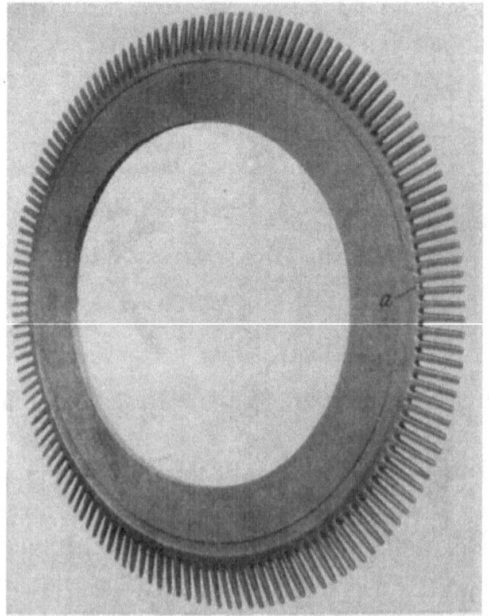

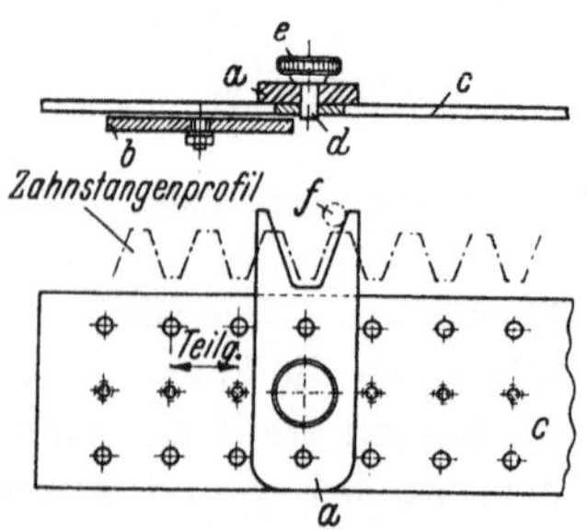

Bild 73. Steckschablone für Zahnstangenschnitte.

Bild 74. Brenngeschnittene Zähne an einem 30 mm dicken Statorring.

An Stelle für kreisrunde Ausschnitte ist die in Bild 73 gezeigte Steckschablone a für den linearen Schnittverlauf an Zahnstangen bestimmt. An einem Schablonenhalter b ist eine Teilungsschiene c befestigt, deren

Teilung dem Modul der Zähne entspricht und auf welcher die Außensteckschablone a leicht und schnell verstellbar ist. d ist ein Paßstift, e eine Rändelschraube und f das Rändelrädchen. Die rund 150 Außenzähne eines 30 mm dicken Statorringes von 2000 mm $\varnothing$, Bild 74, sind

Bild 75. Schneiden von Innenzähnen an einem Statordruckring nach Schablone.

ebenfalls nach Schablone maschinell geschnitten. Früher wurden die Schlitzwurzeln a am Kranzinnenrande vorgebohrt und die beiden Flanken mit dem Brenner ausgeschnitten. Jetzt wird eine an einem Teilkopf befestigte Schablone verwendet, die die Ausschnitte in Form von Haarnadelkurven bewerkstelligt. Von dieser gleichmäßigen Teilung abweichend, werden die Innenzähne b der Statordruckringe für Lokomotivmotoren (Bild 75), nach zwei verstellbaren, mit c und d bezeichneten Blechschablonen auf einem Drehtisch e geschnitten. Als Teilkopf dient der mit Löchern f versehene Ring g.

Für einen Sonderzweck mußten in eine größere Serie von Zahnrädern die 50 mm dicken Speichen nach Schablone herausgeschnitten werden.

Bild 76. Brenngeschnittene Zahnradspeichen.

Die Schnittdauer an dem in Bild 76 wiedergegebenen Rade betrug 45 Minuten.

6. Ausführungsbeispiele.
a) Maschinenbau.

Allgemeines. Ganz abgesehen vom Handschneidgerät und vom Schneidmotor sind Brennschneidmaschinen im Vergleich mit Werkzeugmaschinen verhältnismäßig billig und auch universeller verwendbar, weshalb man sich des Brennschneidens im allgemeinen Maschinenbau in zahllosen Fällen bedient. Gegenüber dem Schmieden, Stanzen, Hobeln, Fräsen und Bohren sind die Vorteile des Brennschneidens vor allem dann in die Augen springend, wenn durch die mit zeitgemäßen Brennschneideinrichtungen erzielbare Schnittgenauigkeit und Sauberkeit der Schnittflächen eine weitere Bearbeitung der Werkstücke mit spanabhebenden Werkzeugen entfällt, was sehr häufig ist. Ist eine nachträgliche spanabhebende Bearbeitung der Brennschnittflächen unumgänglich,

Bild 77. Einzeln geschnittene Scherenteile.

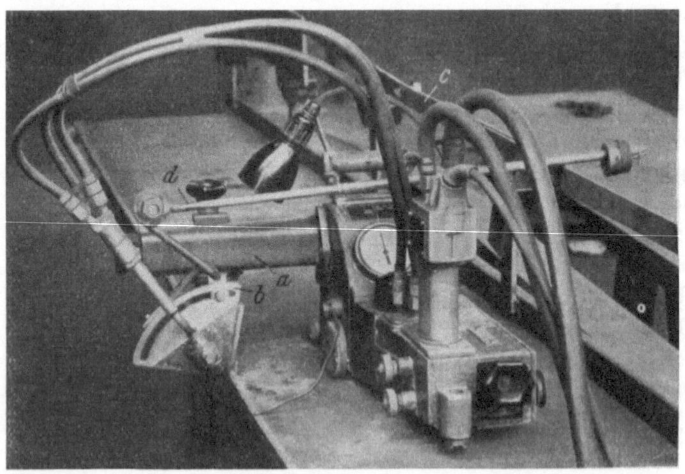

Bild 78. Doppelschablonenführung eines Schneidmotors.

dann muß beim Anriß der Schnittlinien die erforderliche Bearbeitungszugabe berücksichtigt werden, d. h. beim Schneiden nach Werkstückanriß müssen die Körnereinschläge stehen bleiben. Bei der überaus großen Fülle der Anwendungsmöglichkeiten für das Brennschneiden im

Maschinenbau können hier nur einige sinnfällige Beispiele erwähnt und durch Bilder belegt werden.

An Konstruktionsschnitte im Maschinenbau, hauptsächlich soweit es legierte Baustähle anbelangt, hat man sich anfangs nur zögernd herangewagt. Erst als auf Grund zahlloser technologischer und metallographischer Forschungsarbeiten[1] erschöpfende und anerkannte Ergebnisse über die Güte der Brennschnittflächen und ihrer Umwandlungszonen vorlagen, konnte an einen allerdings dann rasch ansteigenden Einsatz des Brennschneidens als Arbeitsverfahren für Werkstückformgebung gedacht werden.

Beispiele. Einen Stapel für den Werkzeugmaschinenbau bestimmter und nach Schablone einzeln maschinell geschnittener *Scherenkörper*

Bild 79. Nach Bild 78 schablonengeschnittenes Gebläsegehäuseteil beim Zusammenbau.

veranschaulicht Bild 77. Die Gesamtschnittlänge an den 30 mm dicken Stahlblechen beträgt je Stück rund 2000 mm, der Zeitaufwand 10 Minuten bei einem Sauerstoffverbrauch von 500 l und einem Wasserstoffbedarf von rund 100 l. Nicht immer sind, worauf schon früher hingewiesen wurde, Schneidmotoren und -maschinen so eingerichtet, daß alle in den verschiedenen Betrieben vorkommenden Arbeiten ohne Zusatzeinrichtungen durchführbar sind. So zeigt Bild 78 einen für das Bearbeiten von Stegblechen für die Tragstutzen eines großen Gebläsemotors an-

---

[1] Grundlegende Ergebnisse aus umfassenden Forschungsarbeiten auf dem Gebiete des Brennschneidens, die im Laboratorium des Werkes Griesheim-Autogen durchgeführt wurden, sind in der Schrift „Das autogene Schneiden von Baustählen und legierten Stählen" zusammengefaßt.

gesetzten Schneidmotor mit besonderem Ausleger a, an dessen Ende eine Winkelkulisse b für Schrägschnitte angeordnet ist. Dabei handelt es sich um 30 mm dicke Bleche, die nach zwei feststehenden Kurvenschablonen ausgeschnitten werden müssen, da sich der Abschrägungswinkel im Verlaufe des Schnitts ständig ändert. Der Motor selbst wird an einer Winkelschiene geführt, die den flachkurvenförmigen Ablauf selbsttätig steuert, während die Verstellung des Schnittwinkels über die auf einer zweiten Schablone c gleitende Hebelstange d bewirkt wird. Bild 79 veranschaulicht einen bereits zusammengeschweißten Teil dieses Gebläsegehäuses.

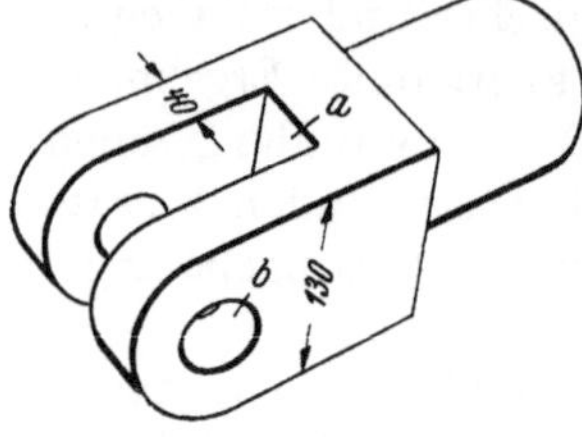

Bild 80. In zwei Ebenen geschnittener Gabelkopf.

Als Ersatz für Formschmiedearbeiten sind die folgenden Beispiele aufzufassen, die in zwei Ebenen geschnitten wurden. Bild 80 stellt einen *Gabelkopf* dar, dessen Schlitz a eine Werkstoffdicke von 130 mm und dessen Schenkel eine solche von 40 mm besitzen. Die Schnittlänge im Schlitz beträgt 380 mm; die vordere Abrundung und die Bohrungen haben eine Schnittlänge von 570 mm; Gesamtschnittzeit 7 Minuten. Bild 82 veranschaulicht ein ähnlich geformtes, in zwei Ebenen geschnittenes Gabelstück, das, wie Bild 81 zeigt, zunächst von wenig erfahrener Hand mit dem Handschneidbrenner bearbeitet wurde. Der reichliche, z. T. auf der Gesamtschnittfläche anhaftende Abbrand läßt auf eine falsche Einstellung von Heizflamme und Sauerstoffdruck schließen. Der in Bild 83 mit Maßangaben skizzierte *Verschlußbügel* hat bei 18 Minuten Schnittdauer eine Schnittlänge von 1600 mm.

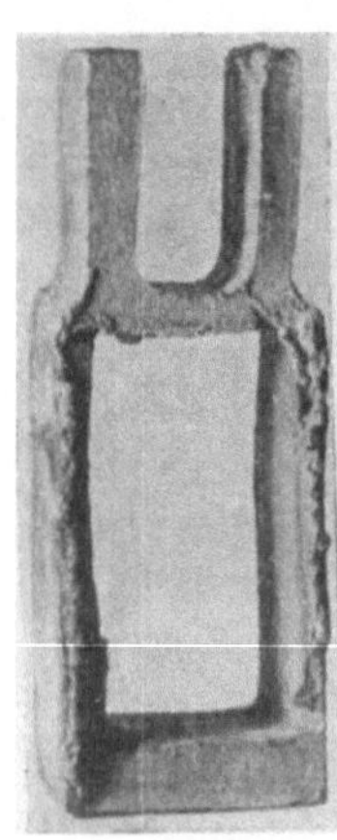

Bild 81. Schlecht ausgeführter Handschnitt an einem Gabelstück.

Bild 82. In zwei Ebenen geschnittenes Gabelstück.

Der äußere Formschnitt des in Bild 84 veranschaulichten *Pleuelkopfes* kann sowohl nach einer Außenschablone wie nach Zeichnung oder Werkstückanriß geschnitten werden. Die aus den Aussparungen a und c stammenden Stücke a_1 und c_1 sind, von den vorgebohrten Löchern b und d ausgehend, herausgeschnitten worden. Ebenso ist die in Bild 85 veranschaulichte und mechanisch bearbeitete Pleuelstange in zwei Ebenen geschnitten.

Der nach Schablone ausgeführte Maschinenschnitt an einem rund 200 mm dicken Stahlblock (Bild 86) läßt die erreichbare Sauberkeit der Schnittflächen erkennen. Auch die Randflächen *b* der Platte sind maschinell geschnitten. Der Ausschnitt des Abfallwinkelstücks begann am Lochrand von *a*.

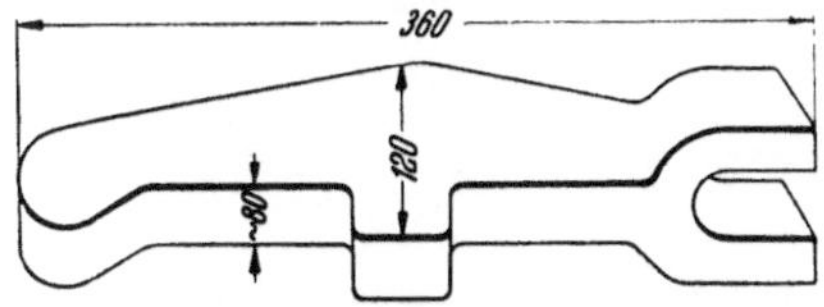

Bild 83. In zwei Ebenen geschnittener Verschlußbügel.

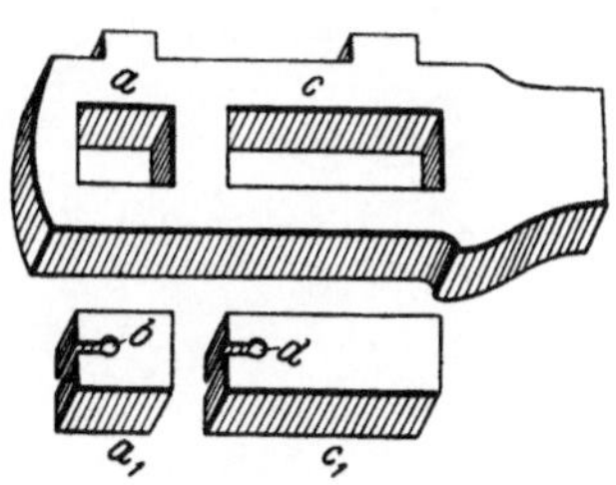

Bild 84. Brenngeschnittener Pleuelkopf.

In welchem Umfange die maschinelle Formgebung von Schmiedestücken durch Brennschneiden ersetzt werden kann, zeigt das vorbild-

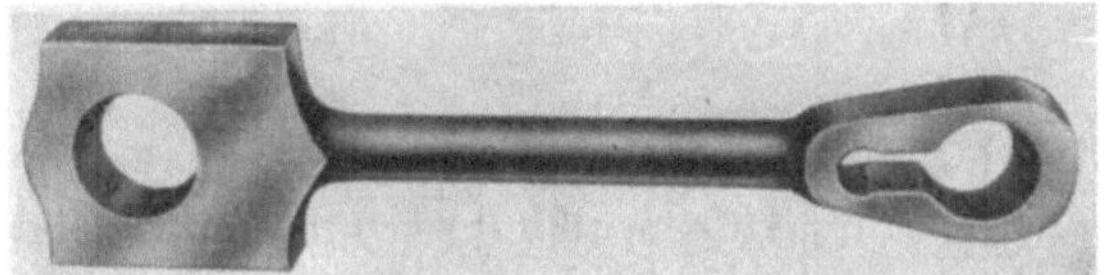

Bild 85. Pleuelstange, brenngeschnitten.

liche Beispiel eines *Polhakens*. Solche in großer Stückzahl benötigten Formstücke werden in verschiedenen Ebenen fast restlos mit dem

Bild 86. Winkelförmiger Ausschnitt in einer 200 mm-Stahlplatte.

Schneidbrenner bearbeitet. Ausgehend von einem geschmiedeten kreuzförmigen Körper, wovon eine größere Anzahl in Bild 87 ersichtlich ist,

werden zunächst die Schnittstellen angezeichnet und die für die Dämpfer-
stäbe erforderlichen Löcher *a* im Querteil des Schmiedestücks (Bild 88 I)
gebohrt. Sodann werden auf der Brennschneidmaschine (Bild 89) zwei
Segmentschnitte durch die Löcher *a* gelegt, so, daß die beiden Form-

Bild 87. Gruppe zum Schneiden vorbereiteter Schmiedestücke.

stücke II und III anfallen. Nach einigen ursprünglich aufgetretenen
Schwierigkeiten, die schnell überwunden werden konnten, ist die Schnitt-
verlegung durch die Lochmitten ohne weiteres möglich, was die ver-
größerte Aufnahme (Bild 90) deutlich erkennen läßt. Nachdem aus den

Bild 88. Werdegang geschnittener Polhaken.

beiden Lappen *b* (Bild 88 II und III) die U-förmigen Schlitze *c* ausgebrannt und die Abschrägungen *d* brenngeschnitten wurden, wird zum
Schlusse die Schräge *e* abgeschnitten. Bild 88 zeigt den Polhaken in den
verschiedenen Bearbeitungszuständen, und zwar bei I vorgebohrt, bei

II getrennt und bei III mit dem Schneidbrenner abgeschrägt. Eine mechanische Nachbearbeitung erübrigt sich.

Besonders reizvoll sind die in Stahlplatten (Bild 91) ausgeführten Spiralschnitte. Hier handelt es sich um nur durch Brennschneiden herstellbare, federnde *Kupplungsteile*. Die Elastizität des Körpers wird durch zwei gegenläufige Spiralen b und c erreicht; die Platte wirkt hierdurch als Feder. Um ein Zusammenziehen und Wandern der Trennfuge zu verhüten, werden mit fortschreitendem Schnittverlaufe kleine Distanzstifte d in die Trennfugen geklemmt. Der Steg a dient dem Anriß für die Spiralen.

Das Zusammenarbeiten von Brennschneiden und Schweißen zu

Bild 89. Maschinelles Brennschneiden von Polhaken.

Bild 90. Schnitt quer durch Bohrlöcher.

belegen, dürfte angesichts der in der Praxis bekannt gewordenen zahllosen Beispiele nicht erforderlich sein. An dem in Bild 92 gezeigten Kommutator, dessen Einzelteile alle brenngeschnitten und unter sich durch Lichtbogenschweißen verbunden sind, soll lediglich ein interessanter Fall des Ausschneidens von Abschrägungen (Fasen) *a* in der Nabe erwähnt werden, die nach Anriß ausgeführt wurden.

Läßt man die auch heute noch umstrittene Frage außer Betracht, ob es richtig ist, die beim Schmieden von Kurbelwellen gebildeten Strukturfasern in den Kröpfungen durch Brennschnitte zu unterbrechen oder die Wellen auf dem Wege des Widerstandsschweißens aus Einzelteilen herzustellen, dann mag Bild 93 als Beispiel für brenngeschnittene *Kurbelwellen* gelten. In der vierfach gekröpften, 150 mm dicken Welle

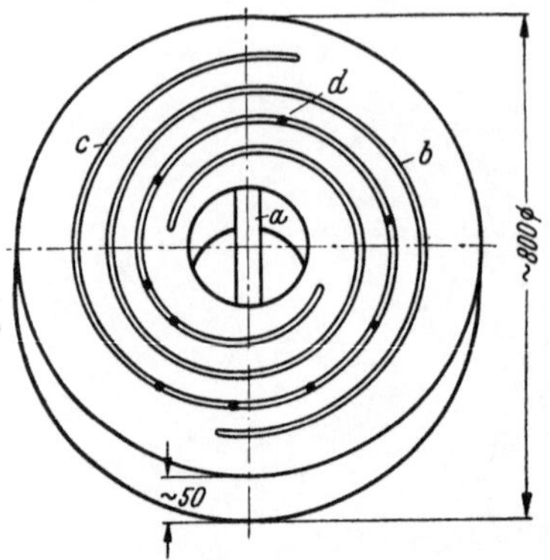
Bild 91. Brenngeschnittene Kupplungsscheibe.

wurden die Kröpfungen in Richtung des Pfeiles *a* ausgeschnitten. Bei dieser Gelegenheit muß, um eine vereinzelt anzutreffende falsche Meinung richtig zu stellen, ausdrücklich betont werden, daß ein Schneiden auf nur *begrenzte Tiefen* der Werkstückdicke mit Ausnahme des später erwähnten Sauerstoff- und Fugenhobelns praktisch *nicht* möglich ist. Deshalb sind die Kröpfungen einer Kurbelwelle nur in Pfeilrichtung *a*, d. h. von oben nach unten,

Bild 92. Brenngeschnittener und geschweißter Kommutator.

nicht aber in seitlicher Richtung *b* schneidbar. Versuche, auf beschränkte Tiefen zu schneiden, beispielsweise mit einem sog. Sauerstofffräser, sind, z. Zt. noch nicht abgeschlossen. Sie beruhen darauf, eine fräserähnliche, sich lotrecht drehende Scheibe anstatt mit Zähnen (Messern) mit stufigen Kanälen für den Schneidsauerstoff zu versehen.

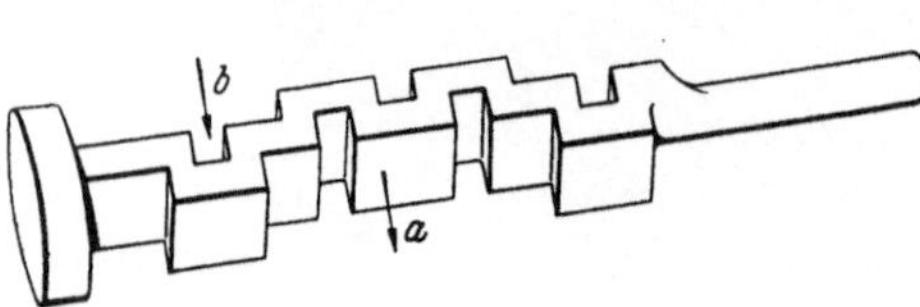
Bild 93. Brenngeschnittene Kurbelwelle.

Der Vorteil beim Schneiden schwerer Kurbelwellen liegt im blockförmigen Abfall der Ausschnitte, der nach älteren Bearbeitungsverfahren gänzlich verspant werden muß. Derartige Arbeiten sind bereits an Schiffskurbelwellenkröpfungen von 600 mm Dicke und an Wellen von 30 t Gewicht ausgeführt worden.

Bild 94. Trennen von Pleuelstangenrohlingen.

Im Großmaschinenbau kann der Schneidbrenner als Ergänzung oder Ersatz von Freischmiedearbeiten erhebliche wirtschaftliche Vorteile bringen. So zeigt Bild 94 zwei in einem Block geschmiedete *Pleuelstangen* von 700 mm Dicke, die vor der Weiterbearbeitung mit einer im Bild 28 gezeigten Längsschneidmaschine getrennt wurden. Die gleiche Maschine wird im Bild 95 für

Bild 95. Trennen eines 900 mm dicken geschmiedeten Blocks.

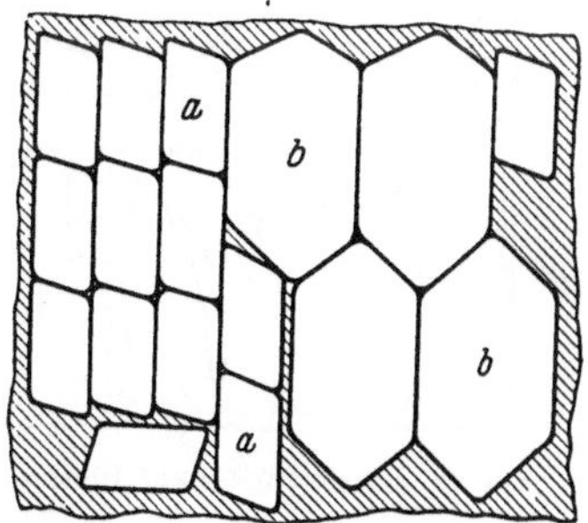

Bild 96. Aufteilung von Formschnitten.

das Trennen eines 900 mm dicken geschmiedeten Blocks benutzt. Dem Gerät ist ein Support vorgebaut, um den Brenner während des Schneidens in eine durch die Querschnittsform des Schmiedestücks bestimmte Höhenstellung bringen zu können.

Werkstückanriß. Sachgemäßer Werkstückanriß ist in zweierlei Hinsicht von Bedeutung. Einerseits ist er für die sparsame Ausnutzung des Werkstoffs ohne größere Abfallverluste wichtig, anderseits hängt von ihm die Maßhaltigkeit der Schnittform ab. Einige Beispiele von Ausbrennplänen sollen dies erläutern.

In Bild 96 sind einige in Reihenfertigung vorkommende, verschieden geformte Ausschnitte _a_ und _b_ auf einer Blechtafel aufgerissen, wobei angenommen ist, daß die Tafelränder nicht einwandfrei und nicht winklig sind. Der Blechabfall bleibt auf die schraffierten Flächen beschränkt. Teilkreisförmige, bzw. segmentartige, dicht zusammengelegte, gleichartige Ausschnitte _a_ sind im Bild 97 angerissen. In beiden Fällen, wie auch in Bild 96, sind normale Blechtafelformate angenommen. Der besseren Werkstoffausnutzung halber kann mitunter auch im Sinne des Bildes 98 derart verfahren werden, daß man auf den Gesamtausschnitt eines Gebildes zugunsten der Blechersparnis verzichtet und, wie bei I angedeutet, die beiden Ausschnitte 2 für sich ausbrennt und später an die beiden Ränder 3 elektrisch anschweißt, um die Form der Ausschnitte 1 zu ergänzen. Die beiden Scheiben 4 können ebenfalls verwendet und anderen Zwecken zugeführt werden.

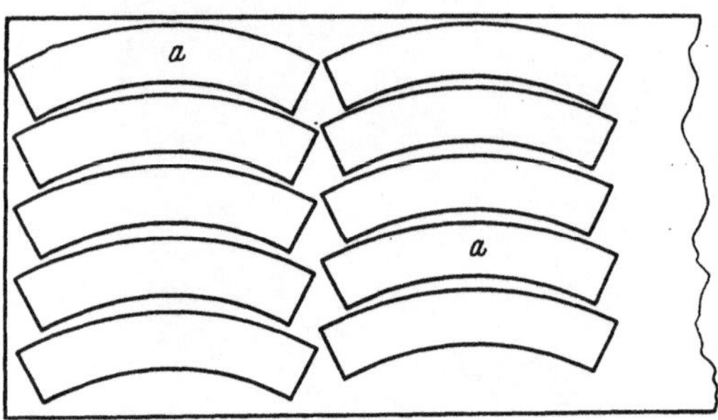

Bild 97. Aufteilung einer Blechtafel für Segmentschnitte.

Die in II angerissenen Ausschnitte 5—8 sind so dicht und folgerichtig zusammengelegt, daß größere Verschnittverluste vermieden werden.

Endlich bringt Bild 99 einen oft empfehlenswerten Fall der Aufteilung annormaler Blechtafelformate, dem man immer dann den Vorzug geben wird, wenn bestimmte Ausschnittformen laufend in größerer Menge vorkommen. Die Verschnittverluste sind dabei so gering, daß die Mehrkosten für die annormalen Walzmaße aufgewogen werden.

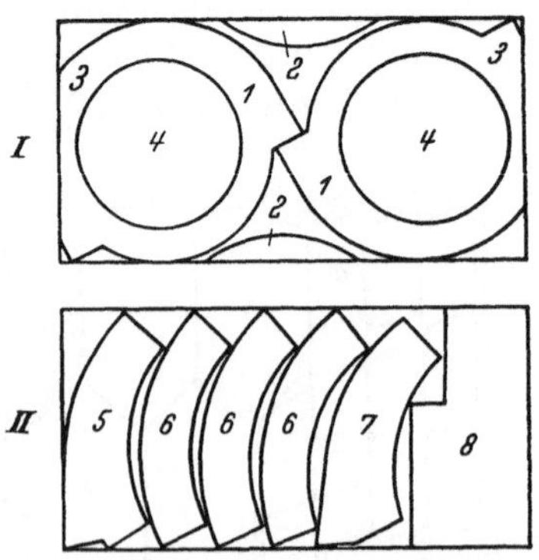

Bild 98. Schnittanrisse auf Blechtafeln.

Häufig ist es ratsam, zwei Brenner gleichzeitig am selben Werkstück so arbeiten zu lassen, daß sich zu erwartende Werkstückverwerfungen gegenseitig aufheben. Ein solcher Anwendungsfall des Brennschneidens liegt u. a. bei der Herstellung von *Lokomotivbarrenrahmen* vor. Die in Bild 100 aufrecht stehende, 100 mm dicke Stahlplatte *a* trägt die Aufrisse

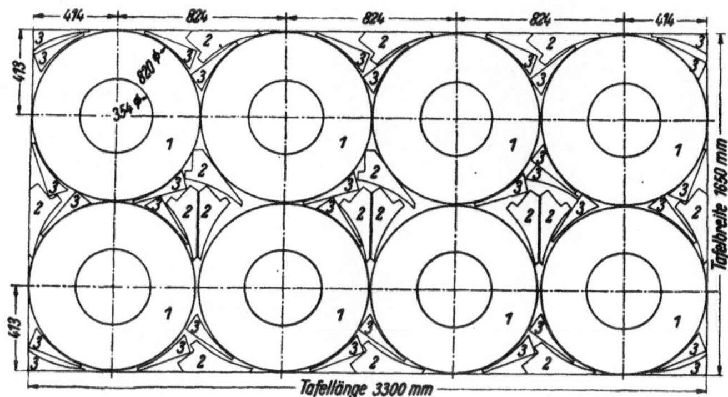

Bild 99. Ausbrennplan.

für drei solcher Rahmen mit allen ihren Ausnehmungen. Darunter liegt ein Stapel *b* bereits geschnittener, rund 16 m langer Barrenrahmen und der besseren Übersicht halber im Vordergrund des Bildes ein hochkant-gestellter, von anhaftendem Abbrand bereits gesäuberter Rahmen *c*.

Bild 100. Brenngeschnittene Lokomotiv-Barrenrahmen.

Der in Bild 101 gezeigte Schneidmotor führt zwei Längsschnitte an einer 20 mm dicken Stahlplatte gleichzeitig aus, wobei der linke Brenner an zwei Querkulissen verstellbar ist.

An der Traglagerführungsplatte (16 mm-Blech) von 2500 mm ⌀ (Bild 102) sind alle Kreisschnitte mit dem Schneidmotor ausgeführt worden. Das Abrollen des Schneidgeräts beim Ausschneiden der in der Ringfläche gelegenen Ausnehmungen wird durch eine Blechauflage über die bereits vollendeten Ausschnitte erreicht.

Große Werkstücke, deren mechanische Bearbeitung auf Grund ungenügender Maß- oder Rundungsgenauigkeit nicht angängig ist, sind vielfach zwangsweise auf Brennschnitte angewiesen. Einen solchen Fall bringt Bild 103, den Deckelring für einen Stahlofen. Der Ring besteht aus 26 mm dickem Blech und hat einen Durchmesser von 4000 mm. Er mußte ringsum mit einer schwachkonischen Fase, also einer Zuschärfung versehen werden, so daß sich eine Schnittlänge von rund 13 m ergab. Der Schneidmotor wurde an den Führungsrollen a am Ringschenkel entlang bewegt. Das Bild zeigt den Ring beim ersten Versuchsschnitt.

Bild 101. Paralleles Arbeiten zweier Schneidbrenner am gleichen Werkstück.

Auch im Vorrichtungs- und Werkzeugmaschinenbau, besonders dort, wo die Gußkonstruktionen durch geschweißte Stahlkonstruktionen ersetzt werden, fällt dem Schneidbrenner eine bedeutende Rolle zu. So zeigt Bild 104, als ein Beispiel für viele, eine in allen Einzelteilen brenngeschnittene und elektrisch geschweißte größere *Bohrvorrichtung*.

b) Stahlbau.

Das über den Brennschnitt an Blechen und Platten Gesagte gilt sinngemäß auch für das Schneiden von Profilstählen. Hierbei ist allerdings, bezogen auf den Gesamtquerschnitt, ein mehrmaliger Schnittansatzerforderlich, und zwar so oft, wie Schenkel, Flanschen und Stege vorhanden sind. Im Bild 105 sind einige der häufigsten Walzstahlprofile und die *Bewegungsrichtungen* für den Schneidbrenner durch Pfeile angedeutet. Das Schneiden des Winkelprofils c und des T-Profils e verlangt einen zweimaligen Ansatz, wobei es an sich belanglos ist, an welcher Schenkelkante der Schnitt beginnt. Alle übrigen Profile, sowohl der U-Träger a

wie der I-Träger *b* und der Z-Stahl *d*, benötigen einen dreimaligen Schnittansatz. Bei *b* 1 und 2 und *e* 1 kann die Schnittrichtung auch entgegengesetzt gewählt werden. Dagegen werden Schenkel 1 und 3 von *a* und *d* sowie von 1 in *c* zweckmäßig immer in Pfeilrichtung und nicht umgekehrt, vom Scheitel ausgehend, geschnitten. Auch bei Gehrungs- und Maschinenschnitten ändert sich nichts an der Reihenfolge der Schnittführung (s. Bild 38).

Einige interessante Sonderfälle der Anwendung des Schneidbrenners im Stahlbau sind in den Bildern 106 und 107 skizzenmäßig dargestellt. Im Falle I

Bild 102. Kreisausschnitte an Stahlblech.

des Bildes 106 wird das I-Profil entlang der Anrißlinie *a* mit dem Schneidbrenner getrennt und nach Auseinanderziehen so zusammengesetzt, daß kurze Schweißnähte *b* die ursprüngliche Profilhöhe *c* auf das Doppelte (c_1) vergrößern und ein hohes Trägheitsmoment erzielt wird. Dasselbe ist durch Einsetzen autogen geschnittener Zwischenstücke *d* in II erreichbar, die bei *f* zwischen zwei T-Profilen *e* eingeschweißt sind. Allerdings sind solche Beispiele nur für Hochbauträger mit vorwiegend statischer Belastung brauchbar.

Bild 103. Deckelring für einen Stahlofen (Fasenschnitte).

zielt wird.

Die Vereinigung von Schneiden und Schweißen gestattet die Herstellung von Profilen, die durch Walzen unmöglich sind. Einige Beispiele der Profilerweiterung und -verjüngung bringt Bild 107. Bei I ist ein I-Träger b durch einen Brennschnitt in der X-Achse getrennt und durch einen eingeschweißten Blechzwickel a in seiner Profilhöhe verstärkt worden. Die konische Verjüngung II entsteht dadurch, daß der Trägersteg entlang der Linie c schräg aufgeschnitten wird und die beiden Teile, um 180° gedreht, durch eine Stumpfnaht in der Mittelachse d miteinander verschweißt werden. Ein anderes anschauliches Beispiel ist der in III gezeigte Vierendeelknoten. Er wird durch die Brennschnitte e und e_1 im I-Träger und Abbiegen der entstandenen Schenkel gebildet, in welche ein Herzstück f eingeschweißt wird. Der Stiel g wird durch Schweißnähte h an die Konstruktion angeschlossen; es entsteht eine biegungssteife Ecke. Ein gutes Beispiel der Verjüngung eines I-Trägers NP 50 von beliebiger Länge bringt Bild 108. Das schraffiert gezeichnete Stück b ist vom Trägersteg a unmittelbar oberhalb des Flansches abgeschnitten und der heraufgezogene Flansch längs der Linie c mit dem verbliebenen Steg verschweißt worden.

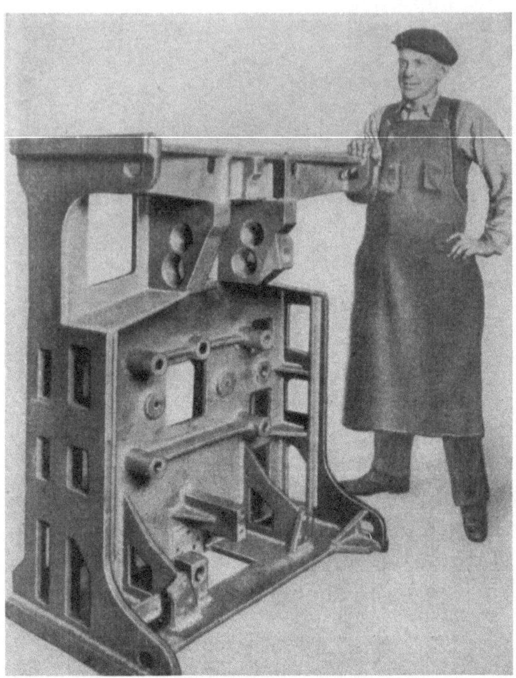

Bild 104. Aus brenngeschnittenen Einzelteilen geschweißte Bohrvorrichtung.

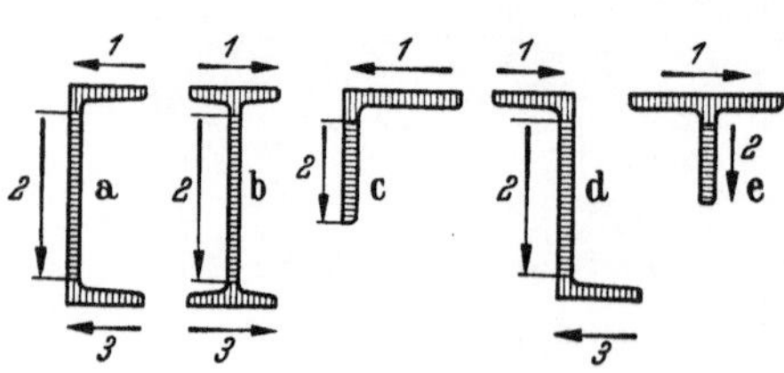

Bild 105. Schnittansatz bei Profilstählen.

Als Unterlagsättel oder Untersätze für schwere Behälter im Apparatebau werden vielfach aus Stahlblechen geschnittene und geschweißte Konstruktionen gefertigt, wie eine solche in Bild 109 gezeichnet ist. Der aus zwei Gurtlamellen a und a_1, dem Steg b und sechs Versteifungsrippen (Stehbleche) c bestehende Abstützbock ist aus 16 mm dicken Blechen geschnitten und an den Stoßstellen verschweißt. Baulänge 1200 mm.

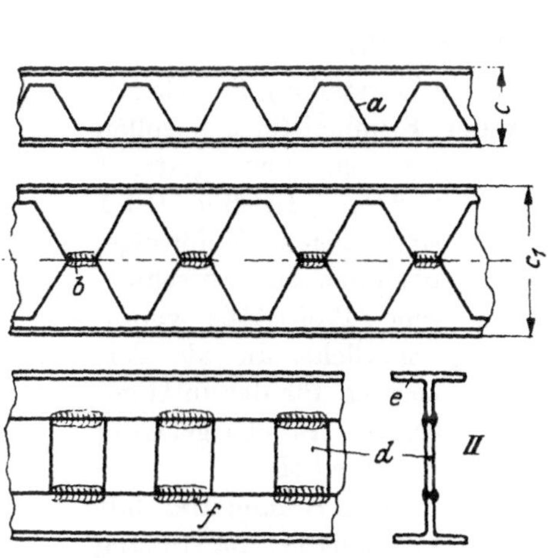

Bild 106. Trägerprofilabwandlungen durch Schneiden und Schweißen.

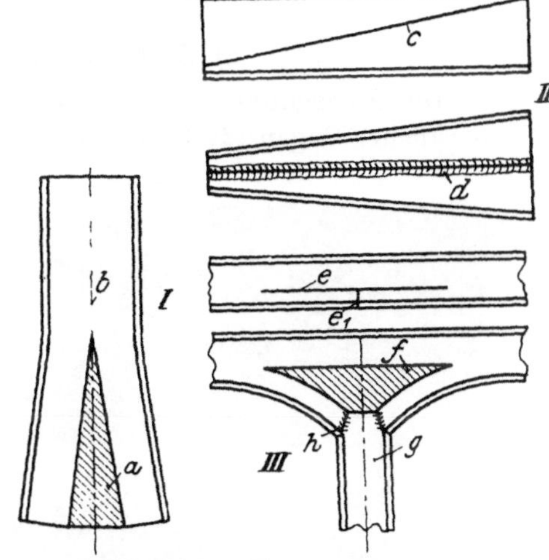

Bild 107. Profiländerungen an Stahlkonstruktionen durch Brennschnitte.

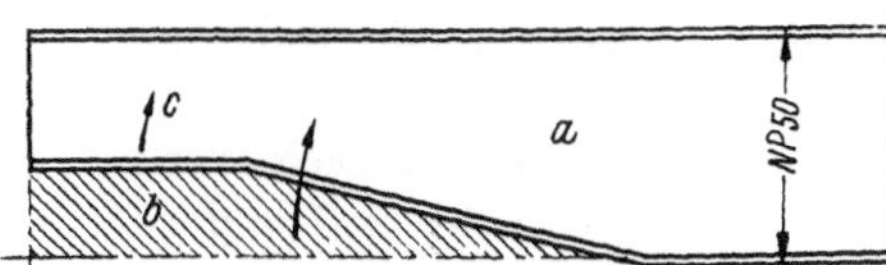

Bild 108. Trägerverjüngung durch Brennschnitt.

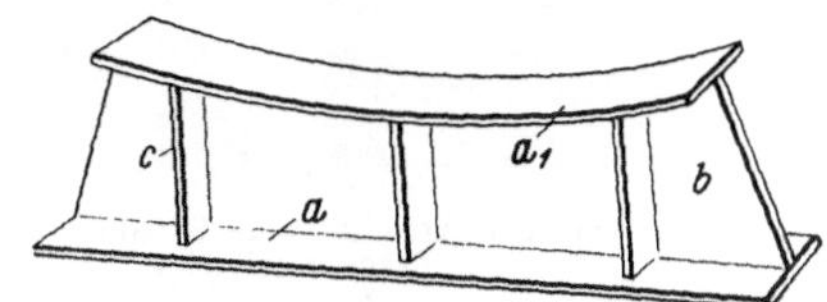

Bild 109. Abstützbock aus Stahlblech.

Bild 110. Geschnittene und geschweißte Längsträger für eine Schiffsdampfmaschine.

Auch im Schiffsmaschinen- wie im Schiffbau selbst ist das Brennschneiden zu einem wichtigen Bearbeitungsverfahren geworden, das aus

der Fertigung nicht mehr fortzudenken ist. Eine Gruppe von Längs-
trägern für eine Schiffsdampfmaschine zeigt Bild 110. Stege, Gurte und
Versteifungsbleche sind durch Brennschnitte in ihre Form gebracht und
durch Schweißung untereinander verbunden.

c) Schneiden im Kunsthandwerk.

Die Anwendung des Brennschnitts bei der Herstellung kunsthand-
werklicher Gegenstände, wie Treppengeländer, Kamingitter u. a. sollen
hier nur kurz gestreift werden. In Bild 111 I sind einige wellenförmige, nach Schablone geschnittene Profilstäbe veranschaulicht, die als Verzierung für das in II gezeigte Brückengeländer bestimmt sind.

Ein Kamingitter mit symbolischer Darstellung der Berufssparten zeigt Bild 112. Die in den Feldern verteilten Ornamente sind teils geschmiedet, zum größeren Teile jedoch nach Werkstückanriß von Hand geschnitten.

Bild 111. Brenngeschnittene Ornamente an einem
Brückengeländer.

Bild 112. Brenngeschnittenes Kamingitter.

Als Jubiläumsgeschenke in Schweißbetrieben sind verschiedentlich
künstlerische Feinschneidarbeiten in Form von Ornamenten entstanden, wovon Bild 114 ein Beispiel bringt. Das reizvolle Waldmotiv ist

aus 3 mm-Blech hergestellt und bei 1000 mm Breite 650 mm hoch. Sämtliche Konturen, auch die kleinen Zweige und Blätter sind nach Blechanriß von freier Hand brenngeschnitten. Das etwa 400 × 250 mm große Ornament (Bild 113) ist aus 3 mm-Stahlblech geschnitten und nur die schwachen Schleierbänder sind eingeschweißt. Der kupferne Rahmen ist an den 8 Ecken durch Schweißung verbunden.

7. Blechstapelschneiden.

Allgemeines. In Anbetracht der beim Paket- oder Stapelschneiden häufig aufkommenden Schwierigkeiten und Unsicherheit

Bild 113. Brenngeschnittenes Ornament.

wird die Möglichkeit des gleichzeitigen Trennens aufeinanderliegender, d. h. gestapelter Bleche häufig angezweifelt. Diesbezügliche Vorschläge, die auf das Abstellen der Unsicherheit beim Paketschneiden hinausgehen, sind meist recht unzulänglich. So sind z. B. Maßnahmen, wie das Bespritzen der Bleche mit Wasser vor dem Stapeln oder zwi-

Bild. 114. Brenngeschnittenes Ornament.

schen die Einzellagen Wellpapier zu legen, ohne praktischen Nutzen. Der erhoffte Erfolg, die Luftzwischenräume zu beseitigen, bleibt völlig aus. Sicher ist, daß die auf Grund praktischer Erfahrungen vielerorts als richtig erkannten, im nachstehenden geschilderten Maßnahmen am besten zum Ziele führen.

Vorbereiten der Bleche. Für den Schnittausfall ist das sachgemäße Vorbereiten des Blechbündels um so wichtiger, als jedes Sparen an Vorbereitungszeit nicht allein unsaubere Schnittflächen, sondern Unbrauchbarkeit des ganzen Stapels zur Folge haben kann.

Vor allem müssen die Bleche *oberflächensauber* sein und frei von Schmutz, Glühspan, Rost, Fett, Farbe, Teer u. dgl. Je nach dem Grad ihrer Verunreinigung sind die einzelnen Bleche an der Ober- und Unterseite durch Behandeln mit Stahldrahtbürsten, durch Druckluftstrahl, Sandstrahlen oder Beizen zu säubern, da alle Fremdkörper in den Blechzwischenräumen den Schneidvorgang empfindlich stören und der Anlaß zu Schnittunterbrechungen sein können.

Ferner müssen die Bleche *gerade*, d. h. eben, sie dürfen weder verzogen noch verwunden sein und sollen so zu Stapeln *zusammengepreßt* werden, daß sie praktisch *ohne Zwischenraum* sind. Der Brennschnitt muß so verlaufen, als bestünde das Blechpaket aus einem massiven Stück. Deshalb müssen die Bleche tunlichst satt aufeinanderliegen und ein Luftspalt zwischen den Einzeltafeln darf praktisch nicht vorhanden sein. Dies ist durch mannigfache Hilfsmittel, wie Kniehebel-Schnellspanner, Schraubzwingen, Keile und Bolzen erreichbar. Dabei kommt es natürlich auf gutes Aufliegen in unmittelbarer Umgebung der Schnittfuge in erster Linie an. Wird diese Forderung nicht erfüllt, dann sind Schnittunterbrechungen zu gewärtigen, die, wie gesagt, den Ausschuß des Gesamtstapels verursachen können. Das liegt daran, daß die nichtmetallische Berührung der Blechflächen und die Gegenwart der schlecht wärmeleitenden Luftschichten sich wie Werkstückdopplungen verhalten. Die oberen durch die Heizflamme erhitzten Blechzonen heben sich ab und in den erweiterten Zwischenräumen zerflattert der starre Sauerstoffstrahl; er löst sich auf unter Wirbelbildung, die ein Schmelzen und Verschmoren der Nachbargebiete zur Folge hat, ohne daß das darunter liegende Blech getrennt werden kann. Diese auch für den Ungeübten nicht zu übersehende Erscheinung ist bei Einzelschnitten ein unfehlbares Merkmal für Blechdopplungen, die auf dem Wege mechanischen Trennens (Scherenschnitt) nicht erkennbar sind.

Schnittdicken. Normalerweise wird das Brennschneiden von Blechpaketen auf *Gesamtdicken* von etwa 125 mm beschränkt, wobei die Einzelbleche möglichst nicht dicker als 15 mm sein sollten, weil mit wachsender Stapelhöhe die Maßhaltigkeit in den unteren Lagen durch Lockerung des Sauerstoffstrahles abnimmt. Zudem steigt der Sauerstoffverbrauch im Vergleich zu Einzelschnitten unverhältnismäßig stark an. Die untere Grenze für die technische Möglichkeit des Paketschneidens liegt bei etwa $^1/_2$ mm Einzelblechdicke. Soll z. B. ein aus 50 Einzelblechen von je 2 mm Dicke bestehender, also 100 mm hoher Stapel geschnitten werden, dann spannt man als oberste und unterste Lage zweckmäßig ein etwa 6—8 mm dickes Abfallblech auf, das mitgeschnitten wird und das Anschmelzen der oberen Lage verhütet.

Schnittausführung. Neben einer geringen Schnittgeschwindigkeit ist beim Stapelschneiden durchweg ein etwas *erhöhter Sauerstoffdruck* notwendig, der um 1—2 at über dem sonst üblichen liegt. Außerdem kommt dem schon mehrmals erwähnten richtigen *Anschnitt* hier eine besonders hervorzuhebende Bedeutung zu, was in Bild 115 zeichnerisch zum Aus-

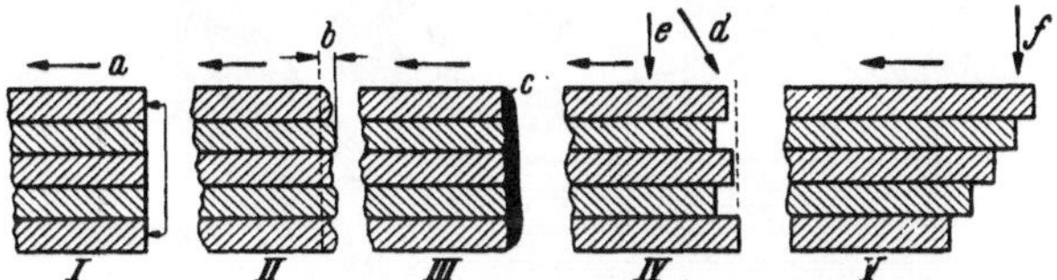

Bild 115. Anordnung der Blechkanten bei Paketschnitten.

druck gebracht ist. Bei über 50 mm hohen und aus dünneren Blechen gestapelten Paketen mit bündig liegenden Kanten empfiehlt es sich, die Gesamthöhe mit einem Schweißbrenner an der Anschnittstelle (Bild I) vorzuwärmen. Sind die Blechkanten abgerundet, zackig oder sonstwie ungleich, dann ist das Einschleifen einer 2—3 mm tiefen Nut *b* (II) mit einer Handschleifmaschine entlang der Gesamtdicke ratsam, oder es wird, wie III zeigt, nach dem Zusammendrücken des Stapels, z. B. unter einer Presse oder mit schweren Schraubzwingen eine Schweißraupe *c* elektrisch aufgetragen, an welcher der Schnitt eingeleitet werden kann.

Sind dickere Bleche *verschieden groß*, dann wird der Schneidbrenner am besten, wie IV*d* andeutet, zu Beginn etwas schräg gehalten und darauf allmählich in die lotrechte Lage gebracht. Der Schnitt beginnt immer im abfallenden Blech. Gegebenenfalls können ungleich große Bleche auch im Sinne von V*f* gestaffelt, d. h. stufenförmig übereinandergelegt werden, wobei allerdings am Schnittende die Bleche entweder bündig stehen oder zu *f* symmetrisch liegen müssen.

EICHENMÜLLER[1] macht den Vorschlag, vor dem fortschreitenden Brenner mit dem Hammer auf den Stapel zu schlagen, um ein besseres Aufliegen der Bleche zu fördern. Die Schlagstärke hängt von der Blechdicke ab. Dünnere, nicht unter 3 mm-Bleche, sollten, wenn keine Deckbleche benutzt werden, in Stapeln von nur geringer Höhe geschnitten werden, andernfalls die schon betonte Gefahr des Anschmelzens und Verschmorens der oberen Blechlage durch die Heizflamme besteht. Dagegen kann bei dickeren und gut ebenen Einzelblechen, deren Eigen-

---

[1] Eichenmüller: Das Brennschneiden im Paket. Aus „Praxis der Schweißtechnik". Halle/S.: Marhold 1949.

gewicht zum besseren Zusammendrücken der Schichten beiträgt, u. U.
auf ein Einspannen des Blocks verzichtet werden. Freilich ist gutes Auf-
spannen stets von größerer Sicherheit.

Sind *Ausschnitte* in Blechpaketen anzubringen, dann kann die Ver-
spannung auch durch Bolzen und Anker in den abfallenden Teilen bewirkt werden, wie dies in Bild 116 skizziert ist. Für bestimmte Ferti-
gungszwecke werden jeweils 50—60$^1/_2$—1 mm dicke Blechringe von 320 mm

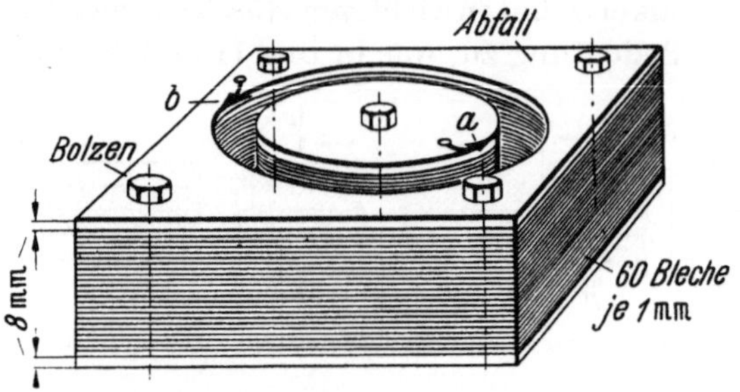

Bild 116. Paketschnitt an Dünnblechen.

Außendurchmesser und 250 mm Innendurchmesser und ähnlichen, aber
oft abweichenden Abmessungen benötigt, die auf keinem anderen Wege
auch nur angenähert so sauber und wirtschaftlich hergestellt werden
können, als durch Stapelschnitt. Das meistens aus 60 Einzelblechen bestehende Paket wird mit je einer 8 mm-Abfallplatte oben und unten
durch 5 Durchgangsbolzen zusammengepreßt und, am Bohrloch *a* beginnend, zuerst der innere Kreisschnitt ausgeführt, nach dessen Beendigung der Block samt Mittelbolzen aus dem Verbande von selbst heraus-
fällt. Darauf wird der äußere Schnitt, bei *b* beginnend, ausgeführt und
das ohne Hinzutun heraus-
fallende Blechringpaket erkalten gelassen. Innen- und
Außenschnittflächen der Ringe
fallen mit erwähnenswerter
Sauberkeit und Maßgenauigkeit aus. Angesichts der er-
zielten Erfolge war es naheliegend, Versuche auch auf

Bild 117. Im Paket geschnittene Blechringe.

noch dünnere Bleche auszudehnen. Dabei ergab sich, daß selbst 0,5 mm
dicke Bleche in Bündeln bis zu 50 Stück in gleicher Weise einwandfrei
und sauber schneidbar sind. Dabei handelte es sich um gewöhnliches,
allerdings zunderfreies Schwarzblech. Die Stapelschnitt ränder dieser
Feinbleche haften etwas fester zusammen als die dickeren Bleche. Im Bild
117 sind links das bereits geschnittene Blechpaket, in der Mitte das
Ringbündel und rechts die auseinandergeschlagenen Ringe zu sehen.

Die Frage der Wirtschaftlichkeit des Stapelschneidens kann dahin beantwortet werden, daß es gegenüber den Einzelschnitten eine Ersparnis von durchschnittlich 25 %, bei Feinblechen sogar eine solche von 70 % und weit mehr ergeben kann.

8. Brennschnitte in anderen Lagen.

Eine von der Lotrechten abweichende Schnittrichtung wird hauptsächlich bei Abbruch- oder Montagearbeiten verlangt, wo ein Wenden des Werkstücks nicht angängig ist. Z. B. machen Stahlkonstruktionen, Kessel und Behälter oft ein waagerechtes Schneiden an *lotrechter* Wand oder sogar *überkopf* erforderlich. Nach Möglichkeit versucht man, von der Lotrechten stark abweichende Schnittlagen, zumindest in der Fertigung, zu umgehen und bei Aussparungen, bei Mann- oder Stutzenlöchern in Behältern und Kesseln, beim Abschneiden von Stahlgußtrichtern usw.

Bild 118. Überkopfschneiden.

angenähert Horizontallage des Werkstücks herzustellen, da in anderen Lagen der Ausstoß des Abbrandes infolge seines hohen Widerstandes nur unvollkommen möglich ist und die Brennerdüsen leicht versetzt oder beschädigt werden. Die Brennerflamme schlägt oft zurück und die Schnitte werden unsauber. Für *Überkopfschnitte* liegt die obere Grenze der Schneidbarkeit praktisch bei etwa 30 mm Blechdicke, für *Waagerechtschnitte*, z. B. bei Stahlgußtrichtern, wo es auf Schnittgenauigkeit weniger ankommt, bei etwa 150 mm. Bild 118 zeigt das Überkopfschneiden an einem 25 mm-Blech.

9. Demontage und Verschrottung.

Allgemeines. Beim Zerlegen zur Verschrottung bestimmter Stahlteile kommt es nur auf schnelles und wirtschaftliches Arbeiten an, da die zerschnittenen Teile lediglich auf die für das Umschmelzen im Martin-Ofen erforderlichen „ofenrechten" Abmessungen von max. 1500 × 500 × 500 mm zu bringen sind und saubere Schnittflächen nicht verlangt werden.

Steh- und Längskessel, Achsen, Räder, Rahmen u. a. an abzuwrackenden *Lokomotiven* sowie Kessel, Rohrleitungen, Behälter ganz allgemein werden mit dem Schneidbrenner zerlegt, wobei Nietverbindungen, Blechüberlappungen, wechselnde Querschnittsformen u. dgl. die Schneiddauer zwar erhöhen, nicht aber den Schneidvorgang stören. Hier ersetzt das Schneidgerät das ebenso umständliche wie mühsame und teure Entnieten, ganz abgesehen davon, daß das Trennen dickerer, von der Ebene stark abweichender, meist gerundeter Bleche mit anderen Mitteln kaum möglich ist.

Daneben ist der Schneidbrenner für Rettungsaktionen, z. B. bei allen Verkehrsbetrieben ein unentbehrliches Hilfsmittel für schnelle Einsatzbereitschaft an *Unfallstellen*, weshalb alle Hilfswagen und -züge mit Schneideinrichtungen ausgestattet sind, die oft zur Rettung von bei Zugentgleisungen und -zusammenstößen gefährdeten Menschenleben und zur Behebung von Verkehrsstörungen dienen.

Auch die *Feuerwehr* ist mit z. T. auf dem Rücken tragbaren handlichen Schneidanlagen ausgerüstet, um bei Bränden eingeschlossenen Menschen durch rasches Forträumen stählerner Türen und anderer Hindernisse Hilfe bringen zu können.

Auf dem Gebiete des Abtragens alter oder durch Kriegseinwirkung zerstörter *Straßen-* und *Eisenbahnbrücken* ist das Brennschneiden ein ebenso wertvolles wie bedeutendes Arbeitsverfahren. Brücken von großen Spann- bzw. Stützweiten werden zuweilen in größere Abschnitte zerlegt und auf Schwimmern ans Ufer befördert, um sie hier in ofenrechte Maße aufzuteilen. Zusammengebrochene, d. h. ins Wasser gestürzte Brückenkonstruktionen müssen häufig mit Unterwasserschneidgeräten durch Taucher beseitigt werden.

Ähnliche Arbeiten hat der Taucher beim Heben versenkter oder gesunkener Schiffe zu verrichten, wobei größere Teile unter Wasser abgetrennt und nach Heben an Land mit normalen Schneidbrennern zerkleinert werden. Neben dem Schiffswrack sind es vorwiegend *Spundwände*, die unter Wasser zu verschrotten sind (s. S. 145). Beim Zerschneiden von Schiffen und Stahlkonstruktionen ist es infolge der oft außerordentlich dicken Farbanstriche mitunter zu *Bleivergiftungen* gekommen, die darauf zurückzuführen sind, daß sich Mennige oberhalb 570° in Bleioxyd und Sauerstoff zersetzt und in diesem Temperaturbereich verdampft und verflüchtigt. Daher muß der Anstrich vor dem Zerschneiden längs der Schnittlinie in ausreichender Breite entfernt werden. Der Brennschneider soll übrigens, was praktisch fast immer zutrifft, möglichst im Freien und nicht im Schiffsinnern arbeiten, am besten so, daß ihm der Wind im Rücken steht und die Bleidämpfe von ihm wegtreibt. Notfalls ist der Arbeiter zum Tragen einer Atmungsmaske (Respirator) anzuhalten.

Damit ist das Gebiet des Abwrackens und Demontierens von Stahlkonstruktionen und anderen technischen Bauteilen bei weitem nicht erschöpft. Der Anfall an durch Kriegszerstörungen zugrunde gegangenen und nun abzutragender *Werkshallen, Stahlhoch-* und *Wohnungsbauten* an Fabrik- und Maschinenanlagen ist ungeheuerlich groß und geht in die hunderttausende Tonnen, die mit dem Schneidbrenner zerlegt werden mußten und noch zerlegt werden. Hinzu kommt die Verschrottung von *Geschützen, Panzerwagen* und anderen Waffen und Kriegsgeräten.

Konstruktionsschrott. Über die Wirtschaftlichkeit des Brennschneidens von Stahlkonstruktionen ist noch später zu sprechen. Hier sollen zunächst einige praktische Erfahrungen des Verfassers beim Verschrotten mehrerer tausend Tonnen Stahlkonstruktion Erwähnung finden. Man muß sich darüber im klaren sein, daß insbesondere bei schweren Walzstahlprofilen (I- und C-Trägern) die Unkosten für die Betriebsstoffe Sauerstoff und Azetylen die Lohnkosten erheblich übersteigen. Das Verbrauchsverhältnis zwischen Sauerstoff und Azetylen liegt bei Leichtschrott bei etwa 4:1, bei Grobschrott bei 7 oder 8:1. Dabei sind bei achtstündiger Arbeitszeit und unter der Voraussetzung, daß es sich um freiliegende und nicht um eingebaute Walzprofile handelt, Tagesleistungen von 3,5 bis 22 t je Mann zu erreichen, bei einem Sauerstoffbedarf von rund 16—45 m³. Die Leistungsdaten liegen z. T. erheblich niedriger, wenn die Konstruktionsteile z. B. im Mauerwerk eingebaut, aus Bauschutt herauszuziehen, stark verrostet oder mit dickem Teer oder Farbanstrich versehen sind. Ganz allgemein ist das Verschrotten schwerer, wenn nicht vielfach überlappter Konstruktionen oder Kastenträger wirtschaftlicher als das Zerlegen von Klein- und Mittelschrott.

Wellenverschrotten. Aus dem Rahmen normalen Verschrottens tritt das Zerlegen dicker Wellen oder Hohlwellen, wozu auch schwere Geschützrohre zu zählen sind, heraus. Es gehören gutes handwerkliches Können und hinreichende Erfahrungen dazu, um Schnitte an derartigen zylindrischen Körpern störungsfrei auszuführen. Da in der Nachkriegszeit auf die Verwendung von Wellenschneidmaschinen mangels ihrer Beschaffungsmöglichkeit meistens verzichtet werden mußte, stand allein das Handschneidgerät zur Verfügung, was eine erhebliche Verteuerung der Schnitte verursachte. Die mit dem Wellenschneiden verbundenen Schwierigkeiten liegen in der stark wechselnden Werkstückdicke, die bei Beginn der Brennerführung bis zum Mittelpunkt der Welle rasch anwächst, um nach der anderen Seite hin ebenso schnell wieder abzufallen. Eine Kante für den Schnittansatz ist am Wellenumfang nirgends vorhanden. Der Arbeiter greift deshalb zu dem bewährten Hilfsmittel, an der Ausgangsstelle des Schnittes mit einem Kreuzmeißel eine Kerbe einzuschlagen, an deren Rand der Brenner angesetzt werden kann. Da es nur wenig Brennschneidern gelingt, massive, dicke Wellen mit normalen Schneidgeräten in einer Schnittrichtung zu trennen, führen sie den Brenner meist so, daß nur eine dem Radius der Welle entsprechende Schnitttiefe erfaßt, mithin die Welle kreissektorenweise geschnitten wird. Das Umfahren von Hohlwellen um 360° kann immer radial und der Schnitt bequem auch mit Handschneidgeräten durchgeführt werden. Bild 119

zeigt eine auf diese Weise in mehrere Stücke zerschnittene 900 mm dicke Hohlwelle einer veralteten Walzwerksmaschine.

Dagegen wurden die im Bild 120 angefallenen Abschnitte einer 500 mm dicken Massivwelle einem anderen Verwendungszwecke zugeführt und mußten winklige und saubere Schnittflächen aufweisen. Der Einsatz der bereits in Bild 31 geschilderten Wellenschneidmaschine ergab das deutlich erkennbare gleichmäßige Schnittflächenaussehen. Je Schnitt waren 6 Minuten Arbeitszeit, 5,5 m³ Sauerstoff und 0,6 m³ Azetylen erforderlich.

Panzerverschrottung. Beim Verschrotten von Panzergehäusen mit Stückgewichten bis zu 18 t, deren Werkstoffdicken zwischen 20 und

Bild 119. Brennschnitte an einer Hohlwelle von 900 mm Durchmesser.

100 mm wechseln, sind die mit Chromnickelstahlelektroden geschweißten Kehlnähte stark störend. Besonders die in den Panzerbugwandungen

gelegenen, nicht selten 40—50 mm dicken Kehlnähte müssen, da Chromnickelstahl nicht ohne weiteres autogen schneidbar ist, entweder durchgeschmolzen oder mechanisch getrennt werden. Auf freiem Gelände oder in offenen Hallen lagernde Panzer können nach Durchführung der übrigen Schnitte durch Sprengen zerlegt werden.

Bild 120. Mit dem Wellenschneider aufgeteilte 500 mm dicke Massivwelle.

Stahlgußschnitte. Grundsätzliche Unterschiede gegenüber dem Stahlschneiden bestehen beim Stahlguß nicht, weshalb die Schneidbedingungen auch die gleichen sind. Schwere Pressenständer, Schwungräder, Motor- und Turbinengehäuse u. dgl. werden bei Wanddicken von oft 800 mm und mehr in derselben Weise wie gewalzter Stahl zerschnitten.

In Stahlgießereien werden Eingußtrichter, verlorene Köpfe und Steiger an schweren Maschinenkörpern vor der Glühbehandlung mit dem Schneidbrenner, mit Schneidmotoren oder beweglichen Längsschneidmaschinen entfernt. Wo sich ein für senkrechtes Schneiden günstiges Aufstellen des Stahlgußkörpers nicht durchführen läßt, kann, wenn auch unbequemer, waagerecht geschnitten werden.

Wenn ein Verschrotten schwerer *Gußeisenkörper* unter Fallbirnen oder Kugelfallwerken wegen schwieriger Transportverhältnisse nicht möglich und durch Sprengen oder Zerschlagen mit Schlegeln nicht angängig ist, kann das Gußeisenschneidgerät (s. S. 114) angesetzt werden.

10. Sauerstoff- und Fugenhobler.

a) Sauerstoff-Hobler.

Das Sauerstoffhobeln (auch „Flämmen" oder „Brennputzen") ist ein dem als klassisch bezeichneten, echten Brennschneiden verwandtes Sonderverfahren mit einem anders gelagerten Anwendungsbereich. Es dient zur spanlosen Beseitigung von Rissen, Einschlüssen, Schalen (Überwalzungen) und anderen Oberflächenfehlern an Stahlblöcken, Brammen, Schmiede- und Preßstücken und wird deshalb bevorzugt in Walz- und Preßwerken ausgeübt, woselbst es als ein Ersatz für Preßluftmeißeln anzusehen ist. Gegenüber dem Brennschneiden weist dieses Verfahren insofern einige wesentliche Unterschiede auf, als es hauptsächlich physikalischer Natur ist. Dies findet seinen Ausdruck in dem hohen, nur umgeschmolzenen Eisengehalt der Schlacke bzw. des Abbrands. Er weicht von der auf S. 5 angegebenen Zusammensetzung erheblich ab. Die Analyse ergibt neben nur 13—20 % Fe_3O_4, 80—87 % niedergeschmolzenes Fe. Auch die Arbeitsbedingungen sind andere als beim Brennschneiden, da keine Trennschnitte sondern Ausschmelzungen auf bestimmte Tiefen hergestellt werden. Die Austrittsgeschwindigkeit des Schneidsauerstoffs liegt nicht wie beim Schneidbrenner über 330 m/s (sog. kritische oder Schallgeschwindigkeit), sondern ist wesentlich geringer, so daß ein breiter und weicher Sauerstoffstrahl entsteht, der die Schäl-(Hobel-)Schlacke vor der Brennerdüse in einem Abstande von etwa 35—45 mm hertreibt und den Werkstoff auf die für einen ununterbrochenen Hobelvorgang und auch zu Arbeitsbeginn bereits notwendige Temperatur bringt, die fast den Schmelzpunkt erreicht, demnach höher liegt als beim Brennschneiden. Die hierbei gebildeten breiten, flachen Mulden (Fugen, Rillen, Kerben) sind völlig blank und von bemerkenswerter Glätte, die einer polierten Oberfläche sehr nahe kommt. Es können Mulden von 15—35 mm Breite bei 2—15 mm Tiefe sauerstoffgehobelt oder es kann die gesamte Oberfläche von Stahlblöcken „geschält" werden. Beim Anheizen wird der Brennerkopf zunächst unter einem Winkel von 60—75°, während des Hobelns auf 15—35° eingestellt. Größere

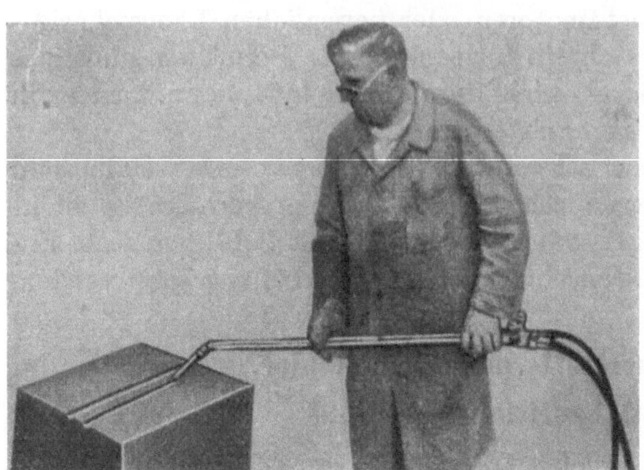
Bild 121. Sauerstoffhobler für Stahlblöcke.

Fehlstellen werden durch mehrere neben- oder übereinanderliegende Kerbrillen beseitigt. Um Rißgefahr zu verhüten, ist es vorteilhaft, an Blöcken zu schneiden, die auf etwa 300° C vorgewärmt sind. Bei höher gekohlten Stählen (über 0,4 % C) ist Vorwärmen Bedingung. Längere Risse an kalten Werkstücken werden durch mehrmaliges Bestreichen mit der Geräteflamme auf etwa 200° C vorgewärmt. Hinsichtlich des Kohlenstoffgehaltes liegt die Grenze der Anwendbarkeit des Verfahrens bei etwa 0,5 % C. Einem zu hohen Aufkohlen des Werkstoffes kann durch einen geringen Sauerstoffüberschuß in der Heizflamme begegnet werden. Die Härtesteigerung an den Randzonen der Fugen tritt bis zu 3,5 mm, bei Sonderstählen auch bis zu 5 mm Tiefe auf.

Die Arbeitsgeschwindigkeit beträgt 3—7 m/min, bei vorgewärmten Stücken bis zu 12 m/min, der Sauerstoffdruck 4—8 atü; der Sauerstoffverbrauch liegt zwischen 25 und 50 m³/h, ist also sehr hoch, was die Aufstellung einer Sauerstoffflaschenbatterie notwendig macht. Der mittlere Sauerstoffbedarf liegt bei 1 l/cm³, für höher legierte Stähle bei 2 l/cm³. Das Sauerstoffhobeln erfolgt meist nur von Hand und muß in einem Zuge, d. h. ohne Unterbrechung durchgeführt werden. Der Hobler kann am Mundstück mit einem auswechselbaren Stellitring ausgestattet sein, der beim Hobeln auf der Rille aufsitzt und die Brennerführung erleichtert. Bild 121 zeigt den nicht in Tätigkeit befindlichen Sauerstoffhobler, der als eine längere und baulich schwerere Abart des normalen Handschneidgeräts aufgefaßt werden kann.

b) Fugenhobler.

Arbeitsweise. Viel schneller hat sich das dem Sauerstoffhobeln ähnliche Fugenhobeln als Ersatz für Meißeln und Fräsen in der Fertigung geschweißter Konstruktionen eingeführt. Das mit nur einer Heizdüse, jedoch mit drei Schneiddüsen verschiedener Größen ausgestattete Gerät ist handlicher und für schmalere Rillen bestimmt. Bild 122 veranschaulicht den Fugenhobler, auf dessen Arbeitsweise kurz eingegangen werden soll.

Wie beim Sauerstoffhobler wird die Düse zur Werkstückoberfläche nicht senkrecht, sondern, wie Bild 123 zeigt, geneigt gehalten, zunächst unter einem Winkel von etwa 45° (*a*), um einen raschen Wärmestau an der Stelle des Schnittbeginns zu erreichen. Ein größeres Flammenvolumen ist durch die Anordnung von sechs um die Schneidsauerstoffbohrung kreisförmig verteilten Heizdüsenbohrungen (Siebdüse) gegeben. Nach Erreichen der Verbrennungstemperatur — die Reaktion findet erst bei

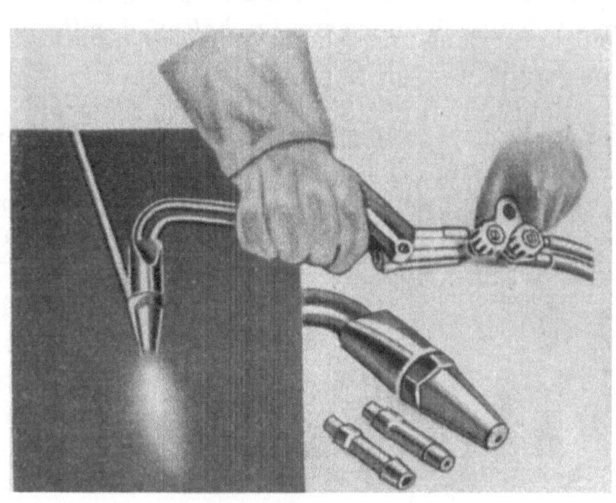

Bild 122. Fugenhobler.

1350° C statt — wird die Düse, wie *b* zeigt, auf etwa 20—25° geneigt und das Schneidsauerstoffventil geöffnet. Sobald sich die Rillenbildung einstellt, wird die Hoblerspitze etwas tiefer in die Fuge hineingehalten (*c*) und in Pfeilrichtung gleichmäßig fortbewegt. Die Gleichmäßigkeit der Brennerführung kann durch Anschläge, Brennerwagen, Handschneidmotoren u. dgl. gefördert werden. Entgegengesetzt dem normalen Brennschneiden erfolgt die Vorschubbewegung des Fugenhoblers wie beim Sauerstoffhobeln; die Abbrandmengen werden nicht aus der Fuge ausgestoßen, sondern in der Rille *vor* der Flamme in einer Entfernung von 10 bis 20 mm hergeblasen. Der Abbrand besteht hauptsächlich aus Fe_3O_4 (Eisen-

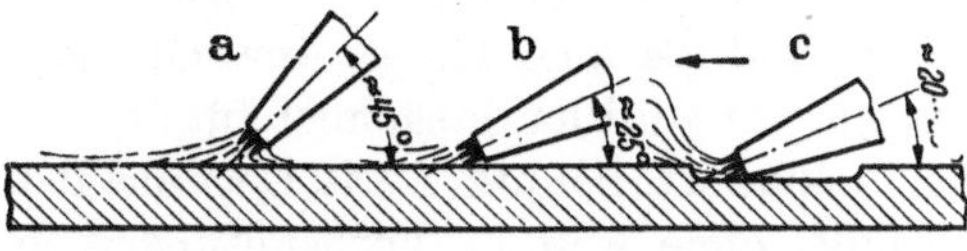

Bild 123. Arbeitsweise des Fugenhoblers.

oxyduloxyd). Die Schlacke wirkt als Wärmeträger und von ihrer richtigen Bewegung durch den Schneidstrahl hängt die saubere Ausbildung der Rillen in hohem Maße ab. Nur an den vom Sauerstoff unmittelbar getroffenen Stellen wird eine Rille gebildet, die eine sehr saubere und glatte Oberfläche aufweist. Rillentiefe und -breite sind von der Größe der Sauerstoffdüse, vom Sauerstoffdruck und von der Vorschubgeschwindigkeit abhängig und innerhalb bestimmter Grenzen regelbar. Üblich sind Rillen von 5—15 mm Breite bei 4—12 mm Tiefe. Tiefere Rillen können durch zweimaliges Ansetzen des Brenners oder dadurch erzielt werden, daß der Sauerstoffdruck um 1 atü erhöht wird.

Anwendung. Das Hauptanwendungsgebiet des Fugenhoblers liegt im Ausarbeiten (früher Auskreuzen) der Rückseite, d. h. der Wurzelseite von Schweißnähten, woraus sich häufig die Forderung ergibt, die Rillen möglichst flach und schmal zu halten, damit die Gegennaht in *einer* Lage ausgefüllt werden kann.

Bei Stählen mit über 0,6 % C ist bereits bei Beginn des Hobelns mit Rißbildung zu rechnen, der man, soweit es die Konstruktion zuläßt, am besten dadurch begegnet, daß das Werkstück auf 200—350° C *angewärmt* wird. Andernfalls ist ein C-Gehalt von 0,6 % als die obere Grenze für die Möglichkeit des Fugenhobelns anzusehen. Im übrigen sind auf diese Weise auch Stahlguß und einige niedrig legierte Stähle und vorgewärmte Werkstücke sind noch bis 1,5 % C-Gehalt mit dem Fugenhobler bearbeitbar.

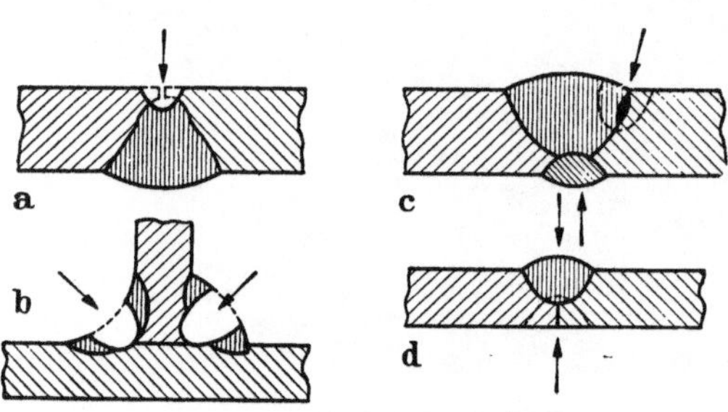

Bild 124. Anwendungsbeispiele des Fugenhobelns.

Um Arbeitsunterbrechungen durch zu starkes Anhäufen des nur z. T. verbrannten und in größeren Mengen nur geschmolzenen Werkstoffs in der Rillenfuge zu vermeiden, ist es ratsam, das Werkstück wie beim Sauerstoffhobeln in Richtung des Hobelns stark schräg oder auch senkrecht anzuordnen, damit die flüssigen Massen besser abfließen können. Durch eine mit einem Lappen auf die Werkstückoberfläche aufgebrachte dünne Ölschicht, besonders in den Nachbarzonen der Fugen, wird das Festhaften des Abbrands verringert.

In Bild 124 sind einige Anwendungsbeispiele für den Fugenhobler gezeigt. Er wird hauptsächlich für das Ausbrennen der Nahtwurzel, wie bei *a* skizziert, benutzt. Die Gegennaht kann, da die Rille sehr sauber ausfällt, ohne weitere Vorbereitungen geschweißt werden. Nahtrisse oder Wurzelfehler werden beseitigt, indem man, wie *b* an einem T-Stoß zeigt, durch ein- oder zweimaliges Hobeln eine Nut herstellt und diese neuerlich verschweißt. Wie diese werden auch röntgenologisch festgestellte Bindefehler an den Übergängen (*c*) durch Aushobeln und Nachschweißen behoben. Schließlich besteht noch die Möglichkeit, I-Stöße an dickeren Blechen nach dem Schweißen der ersten Seite auf der Gegenseite auszuhobeln und die Mulde für eine X-Naht herzustellen (*d*). Die Sauberkeit auf der Wurzelseite von V-Nähten sauerstoffgehobelter Rillen zeigen die beiden Makroschliffe des Bildes 125. Zur Entfernung der Schlackenreste genügt ein Abschrubben mit der Drahtbürste, um fast spiegelblanke Fugen herzustellen. Den Einfluß richtiger und fal-

scher Arbeitsbedingungen läßt Bild 126 erkennen. Die obere Rille ist einwandfrei. Zu geringer Sauerstoffdruck oder zu hohe Vorschubgeschwindigkeit haben einen geriffelten Rillengrund zur Folge. Bei zu hohem Sauerstoffdruck bilden sich am Fugengrunde Löcher oder Gruben aus, wie sie im unteren Bild in Erscheinung getreten sind.

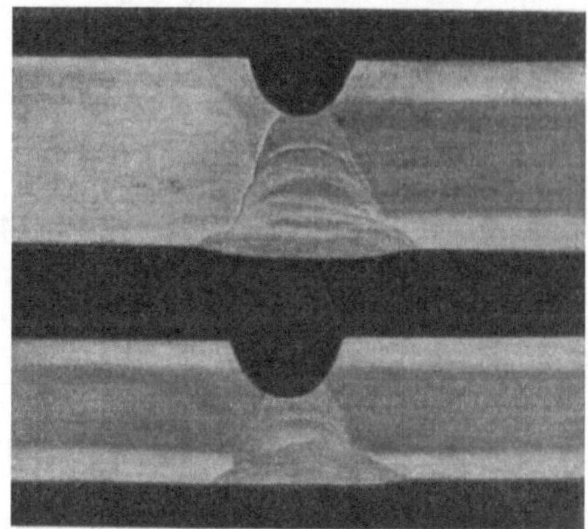

Bild 125. Makroschliffe durch zwei wurzelseitig ausgehobelte V-Nähte.

Ein weiteres Anwendungsgebiet des Fugenhoblers besteht darin, Hartmetall-Werkzeuge für Auftragsschweißungen vorzubereiten, wobei es möglich ist; von der Geraden abweichende und auch kreisförmige Rillen einzuhobeln. Das Fugenhobeln muß praktisch gut geübt werden und verlangt, wie jedes andere autogene

Metallbearbeitungsverfahren, ausreichende Erfahrungen. Mit dem Bekanntwerden des Fugenhobelns sind manche neue Anwendungsgebiete erschlossen worden und die Aussichten auf weitere Möglichkeiten sind recht günstig. So z. B. wird sich der Hobler immer mehr auch zur Vorbereitung gewisser Schweißkanten, wie Tulpen- und U-Nähten, einbürgern.

Wirtschaftlichkeit. Je nach den drei Schneiddüsengrößen schwankt der Sauerstoffdruck

Bild 126. Gute und schlechte Hobelrillen.

zwischen 4 und 6 atü und der Bedarf an Heizsauerstoff und Azetylen zwischen je 750 und 1050 l/h. Indessen ist der Bedarf an Hobelsauerstoff naturgemäß bedeutend größer, er liegt zwischen 2,3 und 12 m³/h.

Die Wirtschaftlichkeit des Verfahrens ist von keinem der spanabhebenden Bearbeitungsverfahren zu erreichen. MALISIUS[1] stellte fest, daß die Kosten beim Ausarbeiten der Nahtwurzel, bezogen auf 1 m Länge, betrugen:

a) beim Meißeln mit Lufthammer 1,45 DM;

b) beim Schleifen 1,89 DM;

c) beim Fräsen 0,74 DM;

d) beim Fugenhobeln jedoch nur 0,30 DM.

GRIX[2] ermittelte folgende Daten:

a) Meißeln mit Preßluft 3,99 DM;

b) Meißeln und Schleifen 4,11 DM;

c) Schleifen 5,42 DM;

d) Fugenhobeln 1,31 DM, woraus sich eine recht erhebliche Differenz zugunsten des Sauerstoffhobelns ableiten läßt.

E. Metallurgie des Brennschneidens.

1. Schneidbarkeit der Stähle.

a) Einfluß der chemischen Beschaffenheit des Werkstoffs.

Allgemeines. Daß die Schneidbarkeit der Stähle im wesentlichen von deren chemischen Zusammensetzung abhängig ist, wurde bereits kurz erwähnt. Im nachfolgenden sollen die hauptsächlich vorkommenden Legierungselemente und ihre prozentualen Mengen im Stahl unter besonderer Berücksichtigung des ausschlaggebenden Kohlenstoffanteils und die Grenzen für die Schneidbarkeit legierter Stähle aufgeführt werden. Diese aus vielen praktischen Erfahrungen stammenden Werte können bei der Vielfalt der Stahllegierungen zwar keinen Anspruch auf Vollständigkeit erheben, sind aber gute Grundlagen dafür, um Mißerfolge abzuwenden. Zweckmäßigerweise wird man in Zweifelsfällen dazu übergehen, den vorliegenden Werkstoff im Betrieb auf den Grad seiner Schneidbarkeit zu untersuchen und zu prüfen, unter welch günstigsten Bedingungen seine Bearbeitbarkeit gewährleistet ist.

Fast alle Baustähle St 37, St 42, St 52 u. a. sind gut schneidbar, wenn die im einzelnen noch später aufgezählten Arbeitsbedingungen eingehalten werden. Um es wiederholt zu sagen: Ausschlaggebend ist vor allem der Kohlenstoffgehalt, mit dessen prozentualer Zunahme die Schneidbarkeit stark *abnimmt*, weshalb man den Kohlenstoff als „Schneidbremse" bezeichnet hat. Darum ist im folgenden der Einfluß der Legierungskomponenten auf die Schneidbarkeit des Stahls in Abhängigkeit vom jeweiligen C-Gehalt angegeben.

---

[1] Elektroschweißung Heft 14, 1943.
[2] Schweißen und Schneiden Heft 3, 1949.

Abhängigkeit der Schneidbarkeit von den Legierungselementen. Art und Menge der Legierungsbestandteile können die Schneidbarkeit fördern, aber auch hemmen oder vollständig unterbinden.

1. Kohlenstoff. Nach Wüst liegt die *obere* Grenze für die *Kaltschneidbarkeit* (S. 4) des Stahles bei 2 % C, praktisch bei 1,6 % C. Zur Vermeidung unzulässig großen Härtens werden Stähle mit über 0,4 % C zweckmäßig nach Vorwärmen auf etwa 250° geschnitten und notwendigenfalls ausgeglüht. Darüber hinaus bis zu einer Höchstgrenze von 2,5 % C muß der zu schneidende Stahl auf Rotglut vorgewärmt, d. h. warmgeschnitten werden. Der Mangel an Schneidbarkeit wird durch die Gegenwart von Eisenkarbid (Zementit, Fe_3C) bedingt. Es verbrennt wesentlich schneller als Eisen. Offenbar schützt der im Fe_3C enthaltene C das Eisen vor Verbrennung. Bei Stählen mit über 0,4 % C besteht Rißgefahr.

2. Mangan. Reines Mangan ist besser schneidbar als Eisen. Manganstähle mit bis 1,3 % C, auch der austenitische mit 13 % Mn und 1,3 % C, sind sehr gut schneidbar. Mangan *fördert* demnach die Schneidbarkeit. Allerdings sind Stähle gleichen C-Gehalts (1,3 %) mit mehr als 18 % Mn nicht mehr schneidbar.

3. Silizium. Reines Silizium ist nicht schneidbar. Stähle mit bis 2,5 % Si sind sauber schneidbar, wenn unter 0,2 % C-Gehalt vorliegt. Bei höherem Gehalt an C (bis 0,4 %) und Si (bis 3,8 %) nimmt die Schneidbarkeit schnell ab; die Schnittgeschwindigkeit muß verringert werden. Deshalb sind auch hochprozentige Siliziumgußlegierungen (über 12 % Si), wie Thermisilid und Duracid, nicht schneidbar.

4. Phosphor beeinflußt die Schneidbarkeit nur wenig. Selbst Phosphorstahl mit 2 % P ist nach Wüst noch gut schneidbar.

5. Schwefel in den in technischen Stahlsorten vorkommenden Mengen verschlechtert die Schneidbarkeit nicht. Versuche an Stählen mit 3,5 % S ergaben noch gute Schneidbarkeit.

6. Nickel. Reinnickel selbst ist nicht schneidbar. Alle Nickelstähle mit bis 7 % Ni sind gut schneidbar, höher legierte Stähle (bis 35 % Ni) *nur* dann, wenn nicht mehr als 0,3 % C vorhanden ist. Die Kanten werden hart; Nickelanreicherung in den Schnittflächen.

7. Chrom. Reines, nahezu C-freies Chrom ist mäßig und nur dann schneidbar, wenn es auf Weißglut erhitzt wird. Während Stähle mit bis 1,5 % Cr schneidbar sind, trifft dies für *rostfreie Chromstähle* mit 0—10 % Ni *nicht* zu, sie sind weder kalt noch warm schneidbar (s. Abschnitt Pulverschneidverfahren).

8. Molybdän. Ein Stahl mit 8 % W, 1,4 % Cr, 1 % C und 5,5 % Mo ist nicht schneidbar; fehlt Molybdän, dann ist er schneidbar. Molybdän verschlechtert die Schneidbarkeit.

9. Wolfram. Wolframstähle (bis 5 % Cr, 0,2 % Ni, 0,8 % C) sind gut schneidbar, wenn nicht mehr als 10 % W vorhanden ist. Reinwolfram ist nur sehr langsam schneidbar und nur bei starker Vorwärmung. Oberhalb 20 % W hört die Schneidbarkeit des so legierten Stahles auf.

10. Kupfer. Das Metall selbst ist, wie bereits betont, *nicht*, aber Stähle mit bis 0,7 % Cu sind wie gewöhnlicher Stahl schneidbar.

11. Aluminium. Das Metall selbst und ebenfalls Alumitstähle (10—15 % Al) sind *nicht* schneidbar. Alitierte Stähle sind je nach Al-Schichtdicke leicht, schwer oder gar nicht schneidbar.

Dem Praktiker wird es erwünscht sein, in einer Zusammenfassung einen Überblick über die Schneidbarkeit einiger der bekanntesten legierten Stähle in Ergänzung der obigen Einzelheiten zu erhalten. Damit werden auch die *Grenzgebiete* der Schneidbarkeit ganz allgemein aufgezeigt.

Schneidgrenzen.

Nicht schneidbar sind: die Cr-Stähle *Remanit* 1510 und 1710 (DEW) mit 0,1 % C und 14—18 % Cr. Ebenso die Cr–Si-Legierungen *Sicromal* 6—8 und 9—12 (DRW) mit 5—18 % Cr und 0,6—3 % Al, ferner die austenitischen Cr–Ni-Stähle *Remanit* 1880 S, (DEW) und V 2a-Stahl (Krupp) mit 8—9,5 % Ni und 17—18 % Cr. Auch die Ni–Cr–Mn-Gruppe EFC 212 W (Krupp) und *Poldi* AM mit 0,6—0,8 % C, 7—10 % Mn und 2,5—4 % Cr gehören hierher.

Beschränkt, d. h. bedingt, weil schwer oder schlecht *schneidbar* sind: die Cr–Si-Stähle FF 6 (Krupp), *Thermax* 8F und 9F (DEW) mit 1,5 bis 3 % Si und 4—8 % Cr. Daneben die Cr–Ni–Si-Stähle, wie *Thermax* 10 A und 11 A (DEW) und NCT 1, 2 und 3 (Krupp) mit 0,1—0,3 % C, 19 bis 27 % Cr und 3—21 % Ni, neben 1—2,7 % Si. Außerdem gehören hierher *Thermax* 12 A (DEW) mit 60 % Ni und 16 % Cr und *Phönix* R 3 (Schöller-Bleckmann) mit 19 % Mn, 9,5 % Ni und 1,25 % Cr.

Schneidbar, bzw. gut schneidbar sind z. B.: die Mn-Cr-Stähle CF 6724 G und 87 212 G (Krupp) mit 0,3—0,4 % C, 18 % Mn und 1—3 % Cr. Ferner die Mn-Stähle *Macromal* und *Macromal* S (DRW) mit 0,25 % C, 12—19 % Mn und *Pantonax* (DEW) mit 13—18 % Mn. Der Böhlersche *Chronos-Stahl* mit 1—1,15 % C und geringem Cr-Gehalt (bis 0,1 %) ist noch gut schneidbar, jedoch trifft dies nicht mehr zu, wenn ein C-Gehalt von 1,3 % und 0,2 % Cr vorliegen. Manche dieser Stähle sind nur nach guter Vorwärmung schneidbar.

b) Einfluß der physikalischen Beschaffenheit des Werkstoffs.

Unsaubere Blechoberflächen, Rost, Farbüberzüge, Teer, Narben, Dopplungen, Lunker usw. ergeben unsaubere Schnitte und setzen die Schnittgeschwindigkeit herab. Wenn größere Flammen und erhöhter Sauerstoffdruck nicht zum Ziele führen, muß vom Schneiden zwangsläufigAbstand genommen werden. Schlackeneinschlüsse oder sonstige mechanische Verunreinigungen im Werkstoff führen zu Schnittunterbrechungen, da sie nicht verbrennen und ein Hindernis darstellen. Bei größeren Schlackeneinschlüssen oder Lunkern müssen die anteiligen Stellen mechanisch getrennt werden. Auch sonst, besonders beim Scherenschnitt nicht feststellbare *Dopplungen* oder gar blätterteigähnliche Mehrfachlagen in Stahlblechen werden beim Brennschneiden sofort erkannt, weil der Sauerstoffstrahl nicht durchschlägt, sondern sich in der oberen Blechlage fängt und starke Anschmelzungen und Lochbildung verursacht.

Hebt sich die obere Stahlschicht bei Dopplungen um nur wenige Zehntel Millimeter vom übrigen Werkstoff ab, dann ist zwar der Schnitt im allgemeinen noch durchführbar, doch bleibt ein deutlich erkennbarer Fehler zurück.

Ungleiche Verteilung der Eisenbegleiter im Werkstoff macht sich beim Schneiden ebenfalls bemerkbar. Gaseinschlüsse und Poren, selbst wenn sie sehr klein sind, hinterlassen auf den Schnittflächen erkennbare örtliche Veränderungen. Jegliche Fehlstellen im Stahl werden demnach beim Brennschneiden aufgedeckt. Das gilt auch für stärkere Seigerungen, die meistens durch herabgesetzte Schnittgeschwindigkeit überwunden werden können. Es ist ein Vorteil des Brennschneidens, wenn beim Bearbeiten fehlerhafte Werkstücke sowohl ihrer Bedeutung wie ihrem Umfange nach festgestellt und die betreffenden Körper erforderlichenfalls aus der Fertigung rechtzeitig ausgeschieden werden können.

c) Spannungen.

Hobelt man I-Träger in ihrer Stegmitte, d. h. in der X-Achse der Länge nach durch, dann federn die beiden Hälften nach den Enden zu um mehrere Millimeter auseinander. Das Maß der Abweichung, das etwas geringer ist als das beim Brennschnitt entstandene, beruht auf einer durch Walzspannungen verursachten Verformung, also auf *Eigenspannungen* des Werkstücks, wie sie auch bei anderen Fertigungsverfahren (Härten, Nieten, Verstemmen, Pressen, Scherenschnitt u. a.) auftreten. Auch in Blechen bestehen, wenn sie nicht ausgeglüht sind, mehr oder weniger hohe Eigenspannungen, die durch hinzukommende Dehnungs- und Schrumpfungsvorgänge beim Schneiden in einer meist nur geringen, praktisch kaum merklichen Verlängerung der Schnittkanten (etwa 0,12 %) zum Ausdruck kommt. Beim Abschneiden schmaler und dünner Blechstreifen kann man vor dem Erkalten des Schnittes ein Verziehen sowohl zur Blechebene als senkrecht zu ihr feststellen, und zwar wird die Erbreiterung des Schnittspaltes, ausgehend von der Ansatzstelle, um so größer, je schmaler die abgeschnittenen Streifen sind. Dabei erfährt die Oberkante der Schnittfuge eine etwas größere Verlängerung als die

Unterkante. Besonders gut lassen sich *Restspannungen* — und auf diese kommt es allein an — an autogen geschnittenen Körpern beim Ausschneiden eines Blechrahmens beobachten. Wird der Rahmen an irgendeiner Stelle quer zur Schnittfläche durchgesägt, dann tritt entweder ein Auseinanderklaffen oder ein Übereinanderziehen der beiden Streifenenden ein, je nachdem, ob zuerst der innere oder der äußere Rand des Rahmens geschnitten wurde. Ähnlich, wenn auch nicht so offensichtlich, liegen die Verhältnisse bei Sägeschnitten. Versuche an in verschiedenen Betrieben geschnittenen Blechen ergaben jedoch, daß die *Gesamtrestspannungen* in Streifen aus bis 40 mm Baustählen nur 1—2 kg/mm² betragen und deshalb unbedenklich in Kauf genommen werden können. Durch gleichmäßiges Ausbrennen der äußeren und inneren Kanten bei Längs-, Quer- und Kreisschnitten (mit 2 Brennern) kann das durch Schrumpfung bedingte Verziehen des Werkstücks auf das geringste Maß gebracht und die Arbeitsgeschwindigkeit dabei gesteigert werden. Hervorzuheben ist, daß in allen Fällen Schnittfolge und Schnittrichtung für das Verziehen der geschnittenen Konstruktion von Bedeutung sind. Die Schnittfolge muß daher nach einem wohlüberlegten, bereits auf S. 62 geschilderten Arbeitsplan ablaufen.

d) Anlaß- und Warmschnitte.

Abweichend von den üblichen an Werkstücken von Raumtemperatur ausgeführten Brennschnitten sind solche auf bestimmte Temperaturen, z. B. auf 250° vorgewärmter Teile; man bezeichnet diese Schnitte als *Anlaßschnitte.*

Recht unangenehm sind *Spannungsrisse*, wie sie bei hochgekohlten und hochlegierten Stählen, die beim Brennschneiden große Randhärte ergeben (z. B. Nickelvergütungsstähle, Wolframstähle), besonders bei Blechdicken über 100 mm, auftreten können. Die Risse verlaufen meist senkrecht zur Schnittfläche und parallel zur Schnittrichtung. Das einzige Mittel, die Gefahr einer Rißbildung abzuwenden, ist die *Wärmebehandlung*, deren Ausmaß sich nach der Höhe des Kohlenstoffgehaltes zu richten hat. Der zu schneidende Körper wird langsam und gleichmäßig auf den A_1-Punkt (721° C), nötigenfalls auch auf 750° erhitzt und darauf der bereits öfter erwähnte *Warmschnitt* ausgeführt. Stahlgußteile sollten immer nur im geglühten Zustande geschnitten werden, da dann die Rißgefahr entfällt. Nach ausgeführtem Schnitt genügt ein Spannungsfreiglühen bei etwa 600° C in allen Fällen, um die Schnittspannungen zu beseitigen.

2. Einfluß des Schneidens auf den Werkstoff.
a) Einfluß der Heizflamme.

Allgemeines. Mangelhafte Vorstellungen von den elementaren Vorgängen beim Brennschneiden führen den Brennschneider, insonderheit den Anfänger dazu, weitaus zu große, d. h. zu kräftige Heizflammen zu wählen in der Absicht, hierdurch die Schnittgeschwindigkeit erhöhen und die Sauberkeit der Schnittflächen verbessern zu können. Beides trifft nicht zu. Die Heizflammen dürfen nur so groß bemessen sein, daß die zur Einleitung und Unterhaltung des Schneidprozesses notwendige Verbrennungstemperatur in der durch den kalten Sauerstoffstrahl abgekühlten oberen Schnittkante vorhanden ist. Die durch den Oxydationsvorgang freiwerdende Wärmemenge ist, wie gesagt, um ein Vielfaches größer als die zugeführte Flammenwärme. Deshalb genügen verhältnismäßig sehr kleine Heizflammen, um den Schneidvorgang aufrecht zu erhalten. Außer Gasvergeudung ergeben zu starke Flammen u. U. verringerte Schnittleistungen und immer angeschmolzene, gebrochene und unregelmäßige Schnittkanten, wie dies in Bild 55 bereits belegt wurde.

Heizgasart. Da die Heizflamme des Schneidgeräts den Werkstoff lediglich auf seine Entzündungstemperatur zu bringen, den Schneidvorgang an der Werkstoffkante einzuleiten und beim Arbeitsfortgang aufrecht zu erhalten hat, können einige für das Schweißen wichtige Gesichtspunkte in bezug auf die chemische und physikalische Eignung der Brenngase hier außer acht gelassen werden. Wenn der Einfluß des Heizgases auf die Schnittgeschwindigkeit auch unbedeutend ist, so spielt er doch hinsichtlich des Ausmaßes der Umwandlungszone, dem Grade der Aufhärtung an den Schnittflächen und für ihr Aussehen eine nicht geringe Rolle.

Der ursprünglich als Heizgas für Schneidzwecke ausschließlich verwendete Wasserstoff wurde weitaus überwiegend durch das Azetylen abgelöst. Daneben werden Leuchtgas, Propan, Methan, Butan, Gasöl, Benzol und Benzin als Heizgase verwendet. Der teilweise von der Schnittdicke abhängige Anwendungsbereich der Heizgase bewegt sich innerhalb nicht sehr weiter Grenzen. Schneidmaschinen sind meist so eingerichtet, daß ihre Brenner für verschiedene Heizgasarten, z. B. für Azetylen, Wasserstoff oder Leuchtgas auswechselbar sind und die örtlichen Betriebsverhältnisse sowohl wie die schneidtechnischen Belange Berücksichtigung finden können. Beschränkt man vergleichende Betrachtungen auf die für das Schneiden wichtigsten Heizgase Azetylen, Propan, Wasserstoff und Leuchtgas, dann lassen sich auf Grund praktischer Erfahrungen und Untersuchungen folgende Feststellungen treffen:

Der Einfluß der Flammenleistung auf die *Schnittgeschwindigkeit* ist unerheblich und für die Wirtschaftlichkeit ohne ausschlaggebende Bedeutung. Nicht der *Heizwert* eines Gases allein ist für die Schweiß- und Heizflamme maßgebend, vielmehr die *Flammenleistung*, die das Produkt von Heizwert und Verbrennungsgeschwindigkeit ist. Freilich ist die

Vorheizzeit zu Beginn des Schneidens eine von der Flammentemperatur beeinflußte Größe. Demnach muß der für das Anheizen erforderliche Zeitaufwand beim Azetylen am geringsten, größer beim Wasserstoff und am größten beim Leuchtgas sein. In Tab. 9 sind die mittleren Anheizzeiten für die genannten drei Gasarten gegenübergestellt. Die durch längere Anheizzeiten bedingte Verzögerung wirkt sich im Verlaufe des Schneidens im Verhältnis zur höchsttemperierten Azetylenflamme nur wenig unterschiedlich aus.

Tabelle 9. Vorwärmzeiten.

Werkstoffdicke in mm	Vorwärmzeiten in Sekunden				
	Azetylen	Wasserstoff	Leuchtgas bei einem Druck von		
			50 mm WS	100 mm WS	300 mm WS
20	6—7	10—12	22—26	18—22	10—14
50	9—10	14—16	38—45	28—35	18—22
100	15—17	18—22	55—65	30—38	22—27
150	25—28	22—27	—	36—42	25—33
200	30—35	28—33	—	—	35—42

Die Menge des mit *Azetylen* zur Verbrennung gelangenden Heizsauerstoffs kann — neutrale Flammenregelung vorausgesetzt — in gleicher Höhe angenommen werden, wenngleich ein geringer Gasüberschuß in der Flamme zuweilen als günstig angegeben wird. Im Vergleiche mit anderen Heizgasen verursacht Azetylen die größeren chemischen und physikalischen Veränderungen im Schnittbereich des Werkstoffs. Die Breite, d. h. die Tiefenwirkung in der Umwandlungszone, die Entmischungserscheinungen, sowie die Zunahme der Schnittflächenhärte sind z. T. erheblich größer als bei den übrigen Gasen. Da außerdem auch die Schnittriefenausbildung ausgeprägter auftritt, wird in der Fertigung an Stelle von Azetylen von den in dieser Hinsicht besser geeigneten, niedriger temperierten Flammen des Propans, Wasserstoffs und Leuchtgases häufig dann Gebrauch gemacht, wenn eine nachträgliche mechanische Bearbeitung der Schnittflächen erspart werden soll. Wegen ihrer hohen Wärmekonzentration werden auch kleinste Azetylen-Sauerstoff-Heizflammen ein leichtes Anschmelzen der oberen Schnittränder, hauptsächlich bei konzentrischer Düsenanordnung nicht ausschließen. Um die hohe Temperatur der Azetylenflamme zu mildern und das Anschmelzen der Schnittkanten zu verhüten, kann am Schneidbrenner eine Einrichtung geschaffen werden, durch die mit dem Heizsauerstoff Luft angesaugt wird. Man erreicht dies, indem man kleine Bohrungen im Azetylenkanal anbringt. Sobald Heizsauerstoff durch die Injektordüse strömt, herrscht im Kanal ein Unterdruck, durch den Luft angesaugt und mit dem Heizgasgemisch verbrannt wird. Von dieser Einrichtung wird in der Praxis jedoch wenig Gebrauch gemacht.

Wasserstoff, der in der Regel in vierfacher Menge mit dem Heizsauerstoff zur Verbrennung gelangt, hinterläßt zwar fast riefenfreie und saubere, z. T. aber besonders harte und spröde Schnittflächen. Beim Schneiden von St 00, St 35, St 37 und St 42 sind gegenüber der Azetylenheizflamme nennenswerte Unterschiede zwar nicht festzustellen, doch treten diese bei Stählen höherer Festigkeit sehr merklich auf, worauf in der Fertigung durch Glühen der geschnittenen Körper Rücksicht genommen werden sollte. Beim Schneiden von St 50 stellte KRUG folgende Unterschiede fest:

$$\text{Härte bei Azetylenschnitt} \quad 60\text{—}65 \text{ kg/mm}^2,$$
$$\text{Härte bei Wasserstoffschnitt} \quad 72\text{—}78 \quad ,, \quad .$$

Zudem ist das Schneiden mit Wasserstoff am teuersten, mit Leuchtgas am billigsten.

Leuchtgas von üblichem Netzdruck (40—60 mm WS) ist normalerweise nur für Schnitte bis 150 mm Dicke verwendbar. Um dickere Werkstücke trennen zu können, muß die Flammentemperatur durch gesteigerte Verbrennungsgeschwindigkeit, z. B. durch Druckerhöhung erreicht werden. So sind mit auf 0,5 atü verdichtetem Leuchtgas noch Schnitte an 500 mm Werkstoffdicke bei etwa 10 mm Fugenbreite durchführbar.

Gegenüber Azetylen und Wasserstoff ist der Heizsauerstoffbedarf praktisch um rund 50 % größer. Die Schnittflächen fallen viel weniger stark gerieft an als beim Azetylen und die Schnittkanten sind kaum feststellbar angeschmolzen. Die Härtesteigerung der Kanten ist unter den genannten Heizgasen am geringsten, wie dies aus Tab. 10 hervorgeht.

Tabelle 10. Härtesteigerung in Schnittflächen.

Werkstoff	Heizgas	Brinellhärte		Härtesteigerung der Schnittfläche	
		Werkstoff kg/mm²	Schnittfläche kg/mm²	kg/mm²	%
St 37	Azetylen	122	166	44	36
St 37	Wasserstoff . . .	120	160	40	33
St 37	Leuchtgas	116	157	41	34
St 48	Azetylen	158	270	112	71
St 48	Wasserstoff . . .	157	257	100	64
St 48	Leuchtgas	156	251	95	61
St JZ II	Azetylen	129	168	39	30
St JZ II	Wasserstoff . . .	127	163	36	28
St JZ II	Leuchtgas	124	161	37	29
St Si	Azetylen	161	193	32	20
St Si	Wasserstoff . . .	161	183	20	12
St Si	Leuchtgas	164	179	15	1

Propan. Die zur Zeit der Drucklegung dieses Buches noch im Flusse befindlichen Vergleichsversuche mit Propan als Heizgas, lassen auf Grund der bisher vorliegenden praktischen Erfahrungen eine gesteigerte Verwendung dieser Brenngasart erwarten. Die offensichtlichen Vorzüge in bezug auf Gasverbrauch, Schnittgeschwindigkeit und vornehmlich die außerordentlich sauberen Schnittflächen lassen einen für das Propan recht günstigen Ausgang der Versuche erwarten.

b) Einfluß des Schneidsauerstoffs.

Sauerstoffdruck. Durch Steigerung des Sauerstoffdrucks über ein weiter unten in Tabellen angegebenes optimales Maß hinaus kann die Schnittgeschwindigkeit in gewissen Grenzen erhöht werden, um dann wieder rasch abzufallen. Hand in Hand damit verliert die Sauberkeit der Schnittflächen. Es darf dabei nicht übersehen werden, daß der weitaus größte Teil des aufgewendeten Sauerstoffs an der Oxydation des Stahls unbeteiligt ist, vielmehr nur für die mechanische Arbeit des Abbrandausstoßes benötigt wird. Deshalb wird ein *Überschuß* an Sauerstoff nicht von praktischem Nutzen, sondern nur unwirtschaftlich sein, um so mehr, als er infolge der Entspannungskälte eine Verzögerung der Schnittgeschwindigkeit verursacht. Unter sonst gleichen Arbeitsbedingungen ergibt ein unnützes Mehr an Sauerstoff breitere Schnittfugen und furchige, zerfressene Schnittflächen.

In erster Linie hat sich der Sauerstoffdruck nach Werkstoffdicke und Brennerdüsenbohrung zu richten, was aus nachstehender Aufstellung zu ersehen ist. Normalerweise benötigt z. B.

> ein　10 mm-Blech 2—3 at,
> ein　30 mm-Blech 3—4 at,
> ein 100 mm-Blech 6—8 at Sauertoffdruck usf.

Die durch die Bohrungsverhältnisse der Schneiddüse bedingte Druckeinstellung erfolgt stets an Hand der auf den Düsen selbst oder auf mitgelieferten Tabellen angegebenen Werte. Wie schon zu Bild 55 ausgeführt wurde, kann anderseits ein Druckmindestwert nicht unterschritten werden, wenn ein Durchschlagen der Gesamtwerkstoffdicke bei normalem Brennervorschub sichergestellt werden soll.

Sauerstoffreinheit. Die Reinheit des Sauerstoffs soll möglichst groß sein und das Gas soll nur einen geringen Wassergehalt aufweisen. Mit Stickstoff (auch Argon) stark verunreinigter Sauerstoff ist zwar von keinem wesentlichen Einfluß auf die Ausbildung der Schnittflächen, hat aber eine außerordentliche Verlängerung der Schneidzeit, einen hierdurch verursachten erhöhten Verbrauch an Heizgas und Sauerstoff und breitere Schnittfugen zur Folge. Sauerstoff von geringerer Reinheit als 99 % sollte nicht verwendet werden. Die Füllwerke liefern im Regelfalle kaum Gas von unter 99,5 % Reinheit. Sauerstoff mit einem Reinheitsgrad von z. B. 92 % bedingt nahezu die doppelte Schnittdauer im Verhältnis zu 99 %igem Gas.

Um den Einfluß der Sauerstoffreinheit auf den Gasverbrauch zu untersuchen, wurden im Prüffeld der Fa. MESSER kürzlich eingehende Versuche angestellt, deren Ergebnisse in Tab. 11 zusammengestellt sind. Dabei handelt es sich um Maschinenschnitte mit Schneiddüsen gleicher Bohrungen an Werkstoff St 42 von 25 mm Dicke. Konstant waren außerdem folgende Größen:

Schnittgeschwindigkeit: 250 mm/min,
Heizgasdruck: Bei 1 u. 2 0,3 atü, sonst 0,008 atü,
Heizgasart: Bei Versuch 1 u. 2 Azetylen, sonst Leuchtgas.

Die Schnittkanten waren durchweg scharf. Die Zahlentafel zeigt, daß bei einer Sauerstoffreinheit von 99,6 % ein Verbrauch von 0,33 m³/h ermittelt wurde, gegenüber einem solchen von 0,4 m³/h bei 98,5 %igem Sauerstoff. Mit geringerer Sauerstoffreinheit zu rechnen erscheint überflüssig, da solcher Sauerstoff im Handel kaum vorkommt.

Der Einfluß des Sauerstoffstrahls auf die Entkohlung der Schnittflächen, worüber noch zu sprechen ist, kann als gering bezeichnet werden. Die Wärmetiefenwirkung bleibt — sachgemäßes Arbeiten vorausgesetzt — in erträglichen Grenzen.

c) Einfluß der Schnittgeschwindigkeit.

Die Schnittgeschwindigkeit, die bei Handschnitten geringer ist als bei

Tabelle 11. Schnittversuche mit Sauerstoff verschiedener Reinheit.

Versuchsnummer	1	2	3	4	5	6	7	8	9	10	11	12	13	14	15
Sauerstoffdruck atü	4,2	4,2	4,2	4,2	4,2	4,2	4,2	5,0	5,5	6,5	5,5	5,5	6,0	5,0	5,5
Sauerstoffverbrauch m³/h	3,7	3,7	3,7	3,8	3,8	3,8	3,8	4,7	5,4	5,9	4,3	5,1	5,6	5,4	5,1
Sauerstoffreinheit in %	99,6	98,9	99,65	98,9	98,5	98,5	98,1	97,0	97,0	97,0	98,1	98,1	98,1	98,5	98,5
Heizgasverbrauch m³/h	0,3	0,3	0,9	0,9	0,9	0,9	0,9	1,0	1,1	1,3	1,0	1,1	1,05	0,9	1,1
Heizsauerstoffverbrauch m³/h	0,33	0,33	0,4	0,4	0,4	0,4	0,4	0,6	0,5	0,8	0,4	0,4	0,4	0,3	0,4
Heizsauerstoffdruck atü	4,2	4,2	4,2	4,2	4,2	4,2	4,2	5,0	5,5	6,5	5,0	5,5	6,0	5,0	5,5
Kleben des Abbrands an Unterkante	nein	nein	nein	leichter Ansatz	Ansatz	stark	—	stark	stark	stark	stark	stark	stark	stark	stark

Maschinenschnitten, hängt von der Dicke und Beschaffenheit des Werkstoffs, daneben von den Bohrungs- und Gasdruckverhältnissen des Schneidgeräts ab. Bei einiger Übung ist die Brennervorschub-Geschwindigkeit schon rein gefühlsmäßig richtig und leicht zu treffen. Das Aussehen mit verschiedenen Vorschubgeschwindigkeiten *von rechts nach links* ausgeführter Schnitte läßt Bild 127 erkennen. Die mit I bezeichnete Fläche ist zu langsam geschnitten worden. Demnach trifft die irrtümliche Vermutung, daß *langsames* Schneiden saubere Schnittflächen ergibt, nicht zu. Vielmehr ist der Schnitt furchig und zerfressen. Der gleichfalls von Hand ausgeführte Schnitt II ist einwandfrei; die schwachen, vom Sauerstoffstrom herrührenden Riefen verlaufen fast senkrecht; die Schnittgeschwindigkeit war *normal*. Bei zu *hoher* Schnitt-

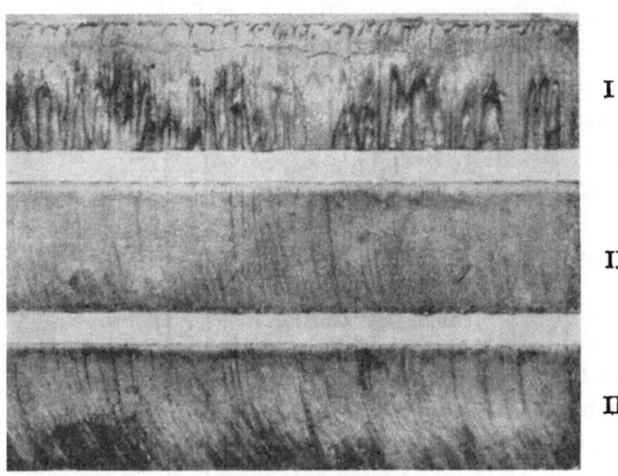

Bild 127. Einfluß der Schnittgeschwindigkeit auf das Aussehen der Schnittfläche.

geschwindigkeit zeigen die Schnittflächen, wie bei III, nach unten gekrümmte Rillen, da die Wirksamkeit des Sauerstoffstroms der Geschwindigkeit der Brennerbewegung nicht zu folgen vermochte. Demnach war bei I die Geschwindigkeit um 25 % zu gering, bei III um etwa 25 % zu hoch.

Bezüglich der auf den Schnittflächen mehr oder weniger ausgeprägten Riefenbildung, die z. B. bei Azetylen als Heizgas stärker auftritt als bei niedriger temperierten Flammen, sind befriedigende Erklärungen bisher nicht gefunden worden. Alle Anstrengungen, die parallel zum Sauerstoffstrahl auftretenden, wenn oft auch nur sehr schwachen Rillen durch besondere Maßnahmen zu beseitigen, sind m. W. bis heute erfolglos geblieben. Die Ursache für die merkwürdige Erscheinung, daß selbst maschinell geführte Brenner und ein kontinuierlicher Sauerstoffstrahl

schwachriefige Schnittflächen erzeugen, wird neuerdings nach Pflei-
derer[1] auf Oberflächenspannungen des Schmelzflusses zurückgeführt.

Grassmann[2] macht erstmalig den Versuch, die Bewegung der Schlak-
kenschicht in der Trennfuge in Abhängigkeit von der Schnittgeschwindigkeit und dem als *Nachlaufen* bezeichneten Zurückbleiben der Schnittriefen (Bild 127 III) in eine rechnerisch ermittelte, formelmäßige Ge-
setzmäßigkeit zu bringen. Er kommt dabei u. a. zu dem Ergebnis, daß
die Zähigkeit der Schlacke der Vorschubgeschwindigkeit des Brenners
etwa umgekehrt proportional ist.

d) Metallurgische Veränderungen.

Umwandlungstemperatur. Mit der erstmaligen Anwendung des Brennschneidens in der Fertigung trat die wichtige Frage der Beeinflussung
der Schnittflächen durch Wärmeeinwirkung und durch den Sauerstoffstrahl in den Vordergrund. In verschiedenen Forschungslaboratorien
wurden umfangreiche Gefügeuntersuchungen an unter wechselnden Arbeitsbedingungen hergestellten Schnittflächen angestellt und der Nach-
weis erbracht, daß die metallurgische Beeinflussung des Werkstoffs durch
den Brennschnitt, zumindest bei normalen Baustählen bis 50 kg/mm²
Festigkeit, nur unwesentlich und deshalb ohne Bedeutung ist. Die Ge-
fügeveränderung an den Schnittflächen kann zudem, worauf schon hingewiesen wurde, durch besondere Wärmemaßnahmen (Anlaß- und Warm-
schnitte) mehr oder weniger stark beeinflußt werden. Die Gesamtbreite
der auf eine Anlaßtemperatur bis etwa 250° C erhitzten Zone beträgt je
nach Werkstoffdicke 5—30 mm. Wenn diese Temperatur eine Gefüge-
umwandlung, die normalerweise erst oberhalb 700° C beginnt, auch nicht
verursacht, so ist doch unmittelbar an der Schnittfläche mit einem Erhitzen auf 1500° C und mehr immer zu rechnen, weshalb eine oft erhebliche Umkristallisation an der Schnittoberkante und eine metallografisch
deutlich nachweisbare Kornvergröberung stets vorhanden ist.

Umwandlungszone. Da die Begleiter und Legierungselemente des
Stahls verschieden schnell verbrennen und die Verbrennungsgeschwindigkeit des Eisens höher liegt, tritt an den Schnittkanten eine *chemische*
Veränderung insofern ein, als in der Regel vornehmlich eine Anreicherung
an Kohlenstoff vorliegt. Dieses je nach Werkstofflegierung auch für andere Legierungskomponenten zutreffende Verhalten bezeichnet man als
Entmischungs- oder *Anreicherungserscheinung.* Das Anreichern an bestimmten Legierungsbestandteilen in der Schnittfläche tritt besonders
bei hochnickelhaltigen Stählen auf, wo der Nickelanteil in der Schnittfläche erheblich größer sein kann als im Grundwerkstoff.

---

[1] Zorn, E.: Die Technik, Heft 5, 1949.

[2] Grassmann: Zur Theorie des Brennschneidens. Z. angew. Phys. 1. Bd.,
Heft 10, 1949.

Bezüglich des Verhaltens der Begleiter des Stahls beim Brennschneiden kann im allgemeinen als Regel gelten, daß z. B. *Chrom*, *Mangan* und *Silizium ausbrennen*, ihre Anteile mithin im Schnitt geringer sind als im Grundwerkstoff. Umgekehrt verhalten sich *Kohlenstoff*, *Nickel* und *Kupfer*, die sich durch den Stahlabbrand an den Schnittflächen *anreichern*. Im Abbrand fehlen diese Elemente meist gänzlich.

Um den Grad der Anreicherung, bzw. des Abbrands an Legierungselementen an den Brennschnittflächen von Stahl zu ermitteln, wurden im Laboratorium GRIESHEIM bereits vor Jahren Untersuchungen angestellt, deren Ergebnis in Tab. 12 zusammengefaßt ist.

Tabelle 12. Entmischung.

Schnittdicke mm	50	50	50	50	60	100
C-Gehalt im Mutterwerkstoff . . .	0,1	0,2	0,3	0,4	0,9	0,5
C-Gehalt in Umwandlungszone % .	0,12	0,3	0,55	0,6	1,3	0,66
C-Gehalt in Außenschicht % . . .	—	—	—	1,0 —1,5	1,0 —1,5	2—4
Schnitt an 300 mm Panzerplatte .	Ni	Cr	Mn	Si	Cu	C
im Werkstoff %	3,2	1,7	0,29	0,06	0,1	0,3
in Schnittfläche %	4,3	1,4	0,28	0,04	0,25	0,5
Nickel im Werkstoff %	1,0	2,5	3,5	22,25	36,0	
% Nickel in Schnittfläche	1,4	3,4	4,8	48,90	~70	

Die *Tiefe* der Umwandlungszone beträgt zwischen 0,1 und 8,0 mm und richtet sich neben anderem vor allem nach der Blechdicke, dem Werkstoff, der Schnittgeschwindigkeit und nicht zuletzt nach dem Kohlenstoffgehalt. Die Schnittgeschwindigkeit soll möglichst groß sein, was durch maschinelles Schneiden, durch Vorwärmen des Sauerstoffs, am besten aber durch Vorwärmen des Werkstückes erreicht wird. Aus den in Tab. 13 aufgeführten Werten für die metallographisch feststell-

Tabelle 13. Tiefe der Umwandlungszone beim Brennschneiden.

Blechdicke	Schnitt-geschwindig-keit	Tiefe der Umwandlungszone			
		Stähle bis 0,3% C	Stähle 0,3—1% C	Ni- bzw. Cr-Ni-Stahl 1—5%,	Austenitischer Mn- oder Ni-Stahl
mm	m/h	mm	mm	mm	mm
5	25	0,1—0,3	0,3—0,6	1—1,5	—
10	20	0,2—0,5	0,5—1,0	1,5—2,5	0—0,1
25	15	0,4—0,7	0,8—1,5	2—3	0,1—0,2
50	11	0,6—1,0	1,0—2,0	3—4	0,2—0,3
100	9	0,8—1,5	1,5—2,5	4—5	0,3—0,5
250	6	1,5—3,0	3—5	5—8	—
500	2,5	3—5	5—8	—	—

bare Breite der Einflußzone beim Brennschneiden läßt sich entnehmen, daß bei normalen Baustählen mit bis 1 % C die Umwandlungstiefe weit unter 5 mm liegt. Die Angaben gelten für Kaltschnitte im vollen Werkstoff. Bei schmalen Streifenschnitten sind breitere Umwandlungszonen möglich.

Mikroschliffe. Einige an unvorgewärmten Stählen, d. h. an Normalschnittflächen aufgenommene Mikroaufnahmen zeigen die folgenden Bilder. Das geätzte Mikrogefüge I in Bild 128 entstammt einem 10 mm-Blech St 37, und zwar dem unteren Teil der nicht nachbehandelten

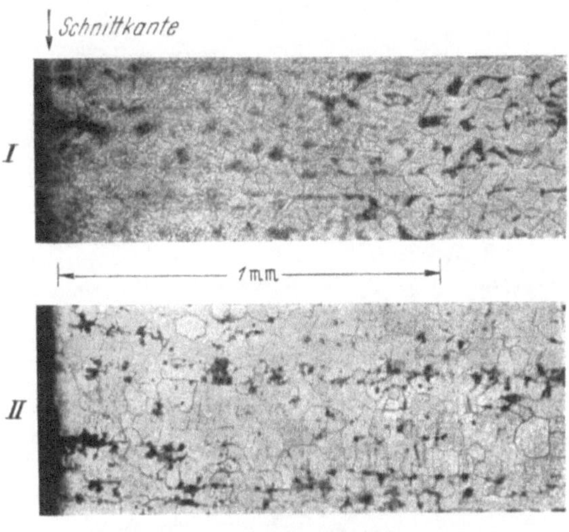

Bild 128. Mikroschliff an Schnittfläche, St 37, 10 mm-Blech.

Schnittfuge. Eine deutliche Verfeinerung des Umwandlungsgefüges nach einstündiger Glühbehandlung bei 900° C veranschaulicht II.

Die Schliffbilder I und II des Bildes 129 entstammen ebenfalls den Schnittflächen eines 10 mm-Bleches, allerdings aus St 48. I ist ungeglüht und II eine halbe Stunde bei 880° C geglüht worden.

Das metallographische Untersuchungsergebnis an einem geschnittenen 80 mm dicken Stahl mit 0,4 % C bringt Bild 130. I ist etwa 15 mm von der Blechoberfläche, II aus der Dickenmitte und III angenähert 15 mm von der Unterkante des Bleches aufgenommen. Die Mikroschliffe zeigen die Umwandlungszone im nichtnachbehandelten Zustande.

Durch das Erhitzen und die Abschreckwirkung infolge der geringen Wärmeaufnahme des der Schnittfuge benachbarten Werkstoffs tritt in diesen Zonen meist eine Kornverfeinerung ein.

Korrosionsbeständigkeit. In diesem Zusammenhang ist es interessant, das Verhalten der Schnittfläche gegenüber korrodierenden Einwirkungen zu betrachten. Die Untersuchungen bezüglich der Korrosionsfestigkeit der Schnittflächen gegenüber beispielsweise gehobelten haben erwiesen, daß der Brennschnitt besser ist. Der Gewichtsverlust durch Korrosion betrug oft nur 50 % desjenigen an gehobelten Flächen.

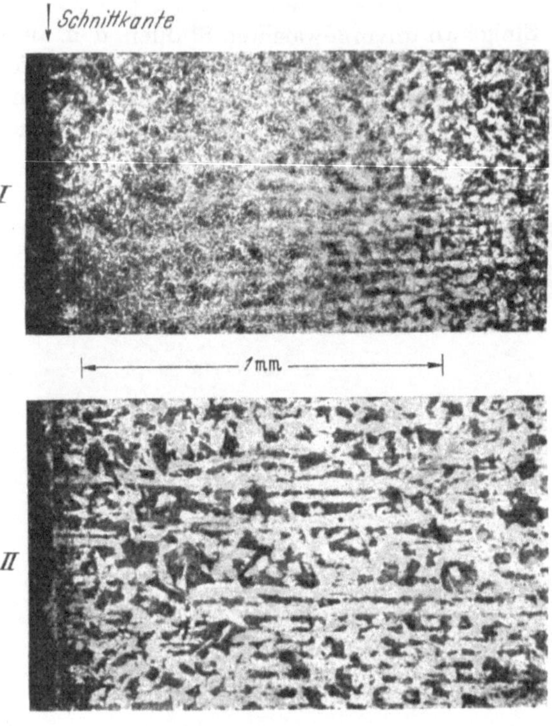

Bild 129. Mikroschliff an Schnittfläche eines
10 mm-Blechs, St 48.

Der Rostangriff ging in allen Fällen wesentlich langsamer vor sich. Daraus läßt sich folgern, daß die höhere Korrosionsbeständigkeit der Brennschnitte mit dem Härtungsgefüge der Umwandlungszone in ursächlicher Beziehung steht.

e) Mechanische Veränderungen.

Härte. Untersuchungen hinsichtlich des physikalischen Verhaltens der Schnittflächen haben ergeben, daß der Autogenschnitt den mit spanabhebenden Werkzeugen bearbeiteten Flächen gleichzusetzen, wenn nicht als überlegen anzusehen ist. Besonders auch bei Scherenschnitten, Nietnähten und Stemmkanten treten Verzerrungen und Quetschungen des Werkstoffgefüges infolge mechanischer Beanspruchung auf, die beim Brennschnitt fehlen, da eine gewaltsame Verformung des Gefüges durch Druck hierbei entfällt.

Es fragt sich nun zunächst, wie es sich mit der *Härte* der erhitzten und dann mehr oder weniger rasch erkalteten Schnittfläche verhält. Die Härte ist grundlegend abhängig von dem Grad der Härtefähigkeit des Werkstoffs, also von seiner chemischen Zusammensetzung, von der Abkühlungsgeschwindigkeit der Schnittfläche, der Dicke des Werkstücks, von der Temperatur der Heizflamme und des Sauerstoffs u. a. m. Im allgemeinen stellt die Brennschnittfläche einen nur oberflächlich gehärteten Stahl dar, dessen mechanische Nachbearbeitung, soweit sie fertigungstechnisch überhaupt notwendig ist, keine Schwierigkeiten verursacht. Die Schnittfläche ist bei normalen Baustählen weniger hart als die eines Kaltscherenschnittes. Die Härte der Brennschnittfläche wächst meist mit der Werkstoffdicke, immer aber und dann nicht unerheblich mit dem Kohlenstoffgehalt. Die Härtesteigerung beträgt z. B. bei einem

20 mm-Stahlblech
 mit 0,1 % C etwa 30 %,
 bei 0,2 % C ,, 38 %,
 ,, 0,3 % C ,, 42 %.

Ein Nickeleinsatzstahl von 174 kg/mm² Härte ergibt an der Schnittfläche rund 270 kg/mm². Erforderlichenfalls kann durch *Glühen* der Schnittflächen der

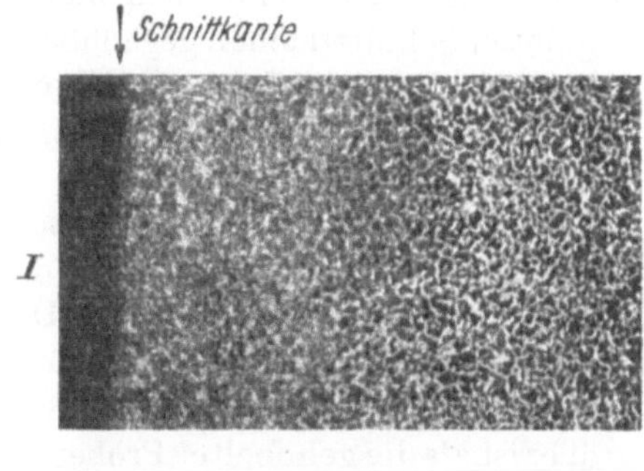

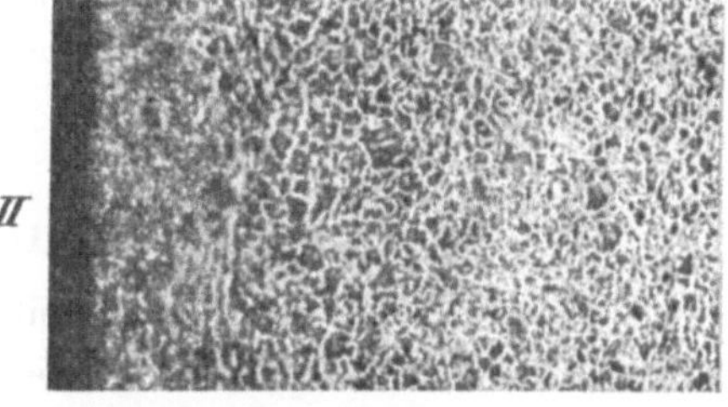

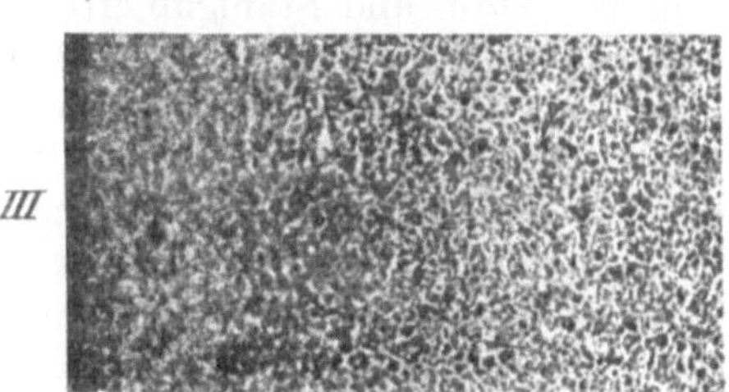

Bild 130. Schnitt an Stahl mit 0,4 % C, 80 mm dick.

Härteunterschied auf ein geringes Maß herabgemindert werden. Etwa die gleiche Wirkung wird durch Anlaßschnitte erreicht.

Der Einfluß der *Brenngasart* auf die Härte der Schnittfläche geht nach Wiss aus den folgenden Zahlen hervor: Ein Stahl mit 0,9 % C von 80 mm Dicke, etwa 80 kg/mm² Festigkeit und 228 kg/mm² Härte ergab

 mit Azetylen geschnitten 380—400,
 ,, Wasserstoff ,, 340—350
und ,, Leuchtgas   ,, 330—345 kg/mm²

Härte in den Schnittflächen. Demnach gewährleisten weniger heiße Vorwärmflammen Schnittkanten geringerer Härte, eine in der Praxis oft berücksichtigte und in Tab. 10 belegte Tatsache.

Sonstige technologische Werte. Was die übrigen technologischen Werte anlangt, so sind auch hier wesentliche Veränderungen an ungeglühten Schnittflächen gegenüber z. B. gehobelten Werkstücken praktisch nicht festzustellen. *Festigkeit* und *Streckgrenze* sind vom Umfang der Durchglühung der Schnittfläche und von der Zugstabbreite und Schnittdicke abhängig und liegen bei dünnen Blechen (5 mm) etwa um 10 % niedriger, *Dehnung* und *Einschnürung* bis 8 % höher. Bei 10 mm-Blechschnitt und mehr nehmen dagegen mit wachsender Stabbreite Festigkeit und Streckgrenze *zu*, Dehnung und Einschnürung *ab*.

Die dynamischen Untersuchungen (*Kerbschlag-* und *Ermüdungs-versuche*) an brenngeschnittenen Stäben ergaben, daß die Kerbzähigkeit größer ist als die gehobelter Proben. Für die bei Ermüdungsversuchen erzielbaren Werte ist vor allem die Oberflächenbeschaffenheit des Schnittes, der möglichst glatt sein muß, maßgebend. Maschinenschnitte zeigen bessere Werte als Handschnitte.

F. Sonderschneidverfahren.

1. Schneidbarkeit anderer Metalle.

Es wurde schon darauf hingewiesen, daß die Bedingungen, welche die Schneidbarkeit eines Werkstoffs im wesentlichen bestimmen, eigentlich nur von Stahl und Stahlguß erfüllt werden. Wenn trotzdem von der Schneidbarkeit auch anderer Metalle und Metallegierungen gesprochen wird, so sind besondere Brennerkonstruktion und -führung das Grundsätzliche für die Möglichkeit des Trennens, das streng genommen mit dem klassischen, echten Brennschneiden nur in lockerer Beziehung steht. Neben Gußeisen und Temperguß können unter bestimmten Voraussetzungen auch rostfreie, d. h. Chrom- und Chrom-Nickel-Stähle, plattierte Bleche und Blei mit dem Schneidbrenner getrennt werden, trotzdem z. B. die Entzündungstemperatur des Gußeisens oberhalb seines Schmelzpunktes liegt.

Wiederum sind Versuche im Gange, unter Zuhilfenahme des Brennschneidgeräts auch andere Metalle, insbesondere *Kupfer* und *Nickel* zu trennen. Inwieweit diese Bestrebungen von Erfolg begleitet sein werden, bleibt dahingestellt. Fest steht jedoch, daß fast alle auf diesem Gebiet entwicklungsfähigen Verfahren die gemeinsame Grundlage haben, die *physikalische* Wirkung des Schneidgeräts auszunutzen, d. h. *durchzuschmelzen* und nicht zu verbrennen, da dies ja für andere Metalle als Stahl wiederholt als technisch unmöglich geschildert wurde. Daß auf diesem Weg ein Erfolg durchaus denkbar ist, beweist das praktisch angewandte Bleischneiden. Der Sauerstoffstrahl hat in diesen Fällen lediglich die Aufgabe, das geschmolzene Metall aus der Schnittfuge herauszuschleudern.

a) Gußeisenschneiden.

Schneidvorgang. Nach den voraufgegangenen Ausführungen sind beim Gußeisen die Bedingungen für seine Schneidbarkeit im Sinne des normalen Brennschneidens in mehrerer Hinsicht *nicht* gegeben. Wenn trotzdem von einem Brennschneiden gesprochen wird, so liegt dies daran, daß Gußeisen bis zu einem Gehalt von 3,5 % C dann verbrannt werden kann, wenn man seinen Schmelzfluß auf Zündtemperatur *überhitzt* und dann Sauerstoff aufbläst. Daraus ergibt sich — auch mit Rücksicht auf das schlechte Wärmeleitvermögen des im Gußeisen reichlich vorhandenen Graphits, das zu überwinden ist — die Notwendigkeit, sehr viel Wärme in kürzester Zeit auf einer Stelle zu vereinigen. Mit anderen Worten, es müssen *sehr kräftige Heizflammen* angewandt werden.

Andere Verfahren, die z. B. darauf beruhen, auf die Oberfläche des Gußkörpers im Schnittbereich Flachstahl aufzulegen oder Stahlraupen elektrisch aufzuschweißen, um durch deren Verbrennungswärme die notwendige Überhitzung des geschmolzenen Gußeisens zu erreichen, sind umständlich, unwirtschaftlich und heute nicht mehr üblich. Das gilt auch für das Hilfsmittel, in der Schnittfuge selbst Stahlstäbe mit abzubrennen.

Abweichend vom Stahlschneiden ist die *Erhitzung* und *Brennerführung* eine andere, da zunächst das örtliche Schmelzen des Gußeisens abgewartet werden muß. Dabei gibt es zwei Möglichkeiten. Die eine, Bild 131 I und II, ist die, die stets mit Azetylenüberschuß eingestellte Brennerflamme unter einem Winkel von etwa 45° an der Stirnfläche des Gußstücks so lange auf- und abzubewegen, bis oberflächliches Anschmelzen einsetzt. Darauf wird das

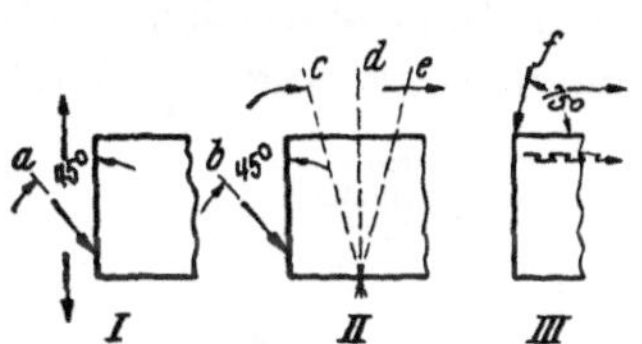

Bild 131. Brennerführung beim Gußeisenschneiden.

Schneidsauerstoffventil geöffnet und mit der Brennerstellung *b* (II), also der *unteren* Kante in Richtung nach *c* begonnen. Der Brenner gelangt allmählich in die Richtung über *d* nach *e* und wird so bis zum Schnittende weitergeführt. Die andere Möglichkeit ist bei III skizziert. Der Brenner wird nach reichlichem Vorwärmen der *oberen* Schnittfläche in die Stellung *f* gebracht und dann in Pfeilrichtung, und zwar am besten mit kleinen Hin- und Herbewegungen (wie beim Sägen) weitergeführt. Da größere Werkstoffdicken große Fugenbreiten ergeben, die dazu ausreichen, den Brennerkopf auch innerhalb der Schnittfuge zu führen, ist auch eine Auf- und Abwärtsbewegung des Brenners möglich, ja, sie ist sogar erforderlich, wenn die gesamte Werkstoffdicke erfaßt werden soll. Der Schnitt kann deshalb nur von Hand und nur mit einem Gerät ohne Führungswagen erfolgen. Eine obere Grenze für den Schneidbereich gibt es bei Gußeisen praktisch nicht.

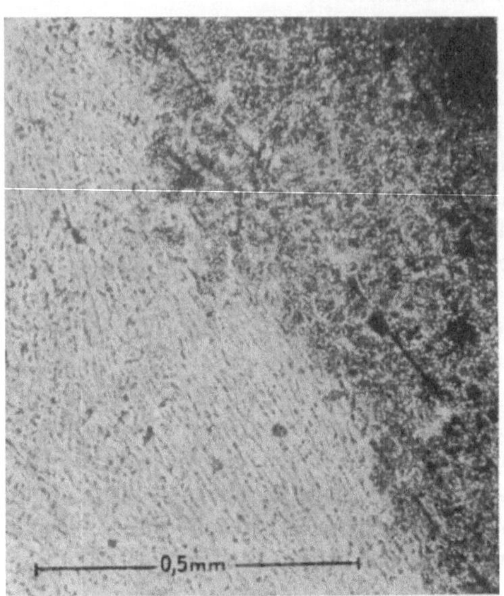

Bild 132. Mikroschliffbild eines Gußeisenschnittes.

Die ledeburitische Abscheidung des Kohlenstoffs und die grundlegende Veränderung des Gefüges an den Schnittflächen eines 25 mm dicken Gußeisenstücks finden im Schliffbild Bild 132 überzeugend Ausdruck. Der im Blickfeld dunklere Anteil des Mikroschliffes entspricht dem Gußgefüge, der hellere dem Ledeburit. Unter allen Eisensorten ist die Anreicherung des Kohlenstoffs in den Schnittflächen des Gußeisens weitaus am größten. Starke ledeburitische Gefügeanteile führen zu hartgußähnlichen, sehr spröden und mit normalen Mitteln nicht mehr bearbeitbaren Umwandlungszonen. Dem abweichenden Hergang des Schneidens und der erheblich anderen Legierung des Werkstoffs gegenüber Stahl entsprechen auch

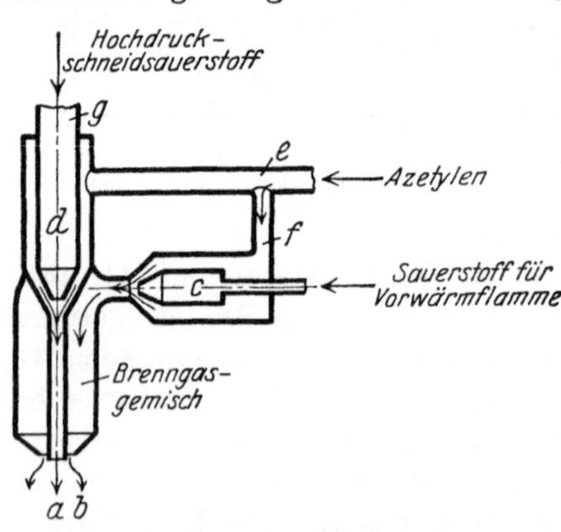

Bild 133. Gußeisenschneidbrenner mit Ringheizdüse.

die Abbrandergebnisse. In der schwarzen und glasigen Schlacke ist das den Schneidvorgang erschwerende Silizium fast restlos oxydiert. Es setzt sich in Form kleiner silberglänzender Plättchen als Siliziumdioxyd in der nahen und weiteren Umgebung ab. Dagegen wirkt ein höherer Mangangehalt fördernd auf das Schneiden. Größere Anteile von Phosphor und Schwefel verbrennen fast völlig.

Gußschneidbrenner. Es sind verschiedene Brennerbauarten auf den Markt gekommen, von denen hier nur zwei in ihrer Grundform wiedergegeben werden sollen. In Bild 133 wird dem Brenner das Azetylen bei *e* zugeleitet und strömt z. T. der Schneiddüse *a* zu, wo es mit dem aus *d* ausströmenden Hochdruck-Sauerstoff verbrennt. Der restliche Teil des Azetylens gelangt durch das Rohr *f* zur Ringflamme *b*, angesaugt durch den aus der Injektordüse *c* der Mischvorrichtung austretenden Heizsauerstoff. Der Schneidsauerstoff wird bei *g* in den Brennerkopf eingeführt.

Das Gerät Bild 134 unterscheidet sich von dem vorigen dadurch, daß es nicht eine, sondern drei Heizflammen hat und den Hochdruck-

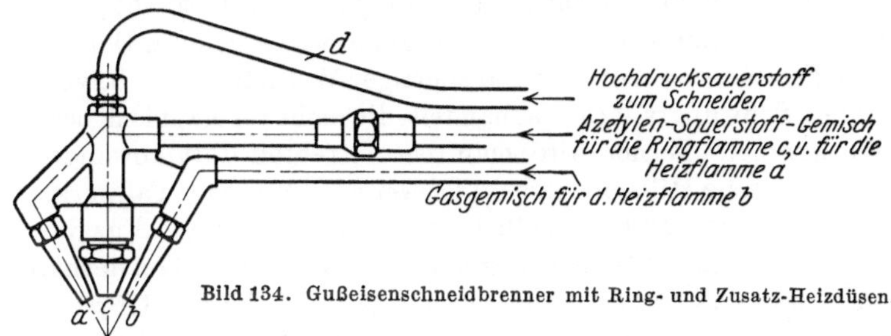

Bild 134. Gußeisenschneidbrenner mit Ring- und Zusatz-Heizdüsen.

Sauerstoff ohne Beimischung von Azetylen der Schneiddüse zuführt. *a* und *b* sind mit Azetylen-Sauerstoff gespeiste Vorwärmflammen; *c* ist eine Ringmantelflamme, in deren Mitte der Sauerstoffstrahl austritt. Das Hochdruckrohr *d* ist aus Kupfer hergestellt und (im Bild der Deutlichkeit halber nicht dargestellt) spiralförmig um den Brennerkopf gewunden, um den Sauerstoff vorzuwärmen. Die beiden winklig zueinander angeordneten Düsen *a* und *b* ergeben eine breite Schmetterlingsflamme. Neuere Bauarten sind so eingerichtet, daß auf Normalschneidbrenner besondere Köpfe mit entsprechend großen Heizdüsen aufgesetzt werden können, weshalb sich eine bildliche Wiedergabe erübrigt.

Tabelle 14. Gasverbrauch und Schnittgeschwindigkeit
beim Gußeisenschneiden.

Werkstoff- dicke	Sauerstoffdruck (Schneidstrahl)	Gasverbrauch je m Schnittlänge Azetylen	Sauerstoff	Stündliche Schnittleistung etwa
		etwa		
mm	at	1	1	m
25	3—4	900	1600	3,0
50	4—6	1200	2800	2,5
100	6—8	2300—2600	9500	1,8
150	8—10	2500—3000	11 000	1,0—1,3
300	10—12	3200—3600	13 000	0,6—0,7

Anwendbarkeit. Infolge der unansehnlichen Schnittflächen und ihrer hohen Härte, der bedeutenden Schnittfugenbreite, der Rißgefahr und des großen Gasverbrauchs sind weder die technischen noch die wirtschaftlichen Voraussetzungen für eine allgemeine Anwendung dieses Verfahrens günstig. Aus Tab. 14 geht hervor, daß die Schneidzeiten gegenüber Stahl um ein Vielfaches höher liegen und der Gasverbrauch unverhältnismäßig große Ziffern erreicht. Die angegebenen Werte sind zudem noch als die praktisch günstigsten aufzufassen.

Die *Schnittfuge* ist meist stark konisch (nach unten verjüngt) und geht erst bei über 40 mm Werkstoffdicke in angenähert parallele Flächen über. Dies, hauptsächlich aber die erheblichen Kosten des Verfahrens, verhindern seine Ausnutzung in dem ursprünglich erhofften Umfang.

Das Verfahren kommt für die Fertigung nicht in Betracht. Vielmehr hat es nur dort eine wirkliche Berechtigung, wo es sich um Demontagen und um *Verschrotten* schwerer und sperriger Werkstücke, z. B. von Fundamenten, Schwungrädern u. a. handelt, die nicht zur Fallbirne befördert werden können. Ferner wird man das Verfahren dort anwenden, wo andere technische Hilfsmittel, beispielsweise Schlag- oder Fallwerkzeuge, versagen, zu teuer, zu umständlich oder zu mühsam sind. Für die Ausführung von Konstruktionsschnitten ist das Verfahren schon deshalb ungeeignet, weil das örtliche Erhitzen der Werkstücke meist *Spannungsrisse* und *-brüche* zur Folge hat und ein gleichmäßiges Vorwärmen schwerer Gußkörper praktisch unmöglich ist. Versuche des Verfassers, gußeiserne Rohre von 600 mm Durchmesser und 15 mm Wanddicke zu schneiden oder Löcher für Abzweigungen auszubrennen, führten, wie zu erwarten war, selbst bei aller Vorsicht zur Rißbildung.

Gelegentlich wird auch das Schneiden von *Temperguß* verlangt. Beide in Deutschland üblichen Tempergußarten sind befriedigend bis gut schneidbar. Da jedoch die Temperkohle an den Schnittflächen in Lösung geht, sind harte Übergangszonen unvermeidlich.

b) Bleischneiden.

Aus Kreisen der chemischen Industrie ergangene Anregungen, ein Verfahren für Formschnitte an für das Auskleiden säurefester Behälter bestimmten *Bleiplatten* zu entwickeln, waren von Erfolg. Da es sich hier um ein regelrechtes *Durchschmelzen* handelt und die Schnittfugenbreite auf ein möglichst geringes Maß gebracht werden muß, war eine unter besonderen Bedingungen arbeitende Brennerkonstruktion zu schaffen. Unregelmäßige, mit Oxyden und verschlackten Rändern durchsetzte Schnittfugen mußten durch ein geeignetes Hilfsmittel verhütet werden. Zu diesem Zwecke benutzt man eine besondere Brennerringdüse, der ein sog. *Kühlgas* (z. B. Luft oder Stickstoff) zugeführt wird. Diese Kühlgasstrahlen verringern die Oxydation des Bleies und beschränken die Flammenwärme auf die Schnittfuge. Bei höherem Sauerstoffdruck sind die Schnittflächen von ebenem und spiegelblankem Aussehen und die Schnittriefen sind so schwach ausgeprägt, daß sie mit dem Finger nicht wahrgenommen werden können. Der auf der Unterseite der nicht konischen, sondern parallelen Trennfuge anhaftende starke Schmelztropfenansatz läßt sich leicht abschlagen. Die Breite der Schnittfuge beträgt bei 10 bis 15 mm dickem Blei 1,5—2,5 mm, die Schnittgeschwindigkeit 300 bis 500 mm/min.

c) Leichtmetallschneiden.

Auch hier bestehen die gleichen Verhältnisse wie bei den anderen NE-Metallen. Der Betriebsmann, der sich gelegentlich vor die Aufgabe gestellt sieht, bei Verschrottungsarbeiten dickwandigere Leichtmetallkörper durchzuschmelzen, kann dies mit einem normalen Schneidbrenner nur dann erreichen, wenn mit starker Heizflamme und geringem Schneidsauerstoffdruck gearbeitet wird, wobei ein reichliches Aufheizen des Sauerstoffs notwendig ist, um ein Kaltblasen der Schnittstelle zu verhindern. Zorn schlägt für solche Arbeiten die Benutzung normaler *Schweiß*brenner mit möglichst langem Flammenkegel vor, da die Schmelzwirkung aufhört, wenn die Werkstoffdicke größer wird als die Kegellänge. An Silumin, das sich unter allen Aluminiumlegierungen am leichtesten durchschmelzen läßt, erzielte er bei 10 mm Dicke mit dem Brennereinsatz 6—9 und 4 atü Sauerstoffdruck einen Vorschub von 190 mm/min bei 9—12 mm Fugenbreite; bei 20 mm Blechdicke (Brennereinsatz 9—14) 83 mm/min Vorschub und eine Fugenbreite von etwa 17 mm.

Eine andere Möglichkeit, an Leichtmetallkörpern Verschrottungsschnitte vorzunehmen, gibt das später besprochene Oxyarc-Schneidverfahren.

d) Schneiden plattierter Bleche.

Einseitig mit Kupfer, Nickel oder nichtrostendem Stahl, z. B. Remanit plattierte Bleche lassen sich unter bestimmten Voraussetzungen mit normalen Brennern schneiden. Abgesehen von der kupfernen Plattierungsschicht wird der Schnitt von der Stahlseite aus durchgeführt, wobei zwei Arbeitsweisen gangbar sind. Entweder wird die Brennerdüse mit einer Neigung von etwa 15° gegen die Oberfläche der Stahlseite gehalten, damit der Abbrand der Plattierungsschicht besser durchdringen kann oder es wird mit lotrecht bewegtem und mit einer Hochdruckdüse (4 atü) ausgestattetem Brenner geschnitten; in beiden Fällen jedoch von der Stahlseite aus, wobei die Plattierungsschicht an der Ansatzstelle ebenfalls gut vorgeheizt werden muß. In der Regel sind plattierte Bleche mit einer Fremdmetallschicht von etwa 10 % der Stahldicke versehen. Dickere Plattierungsschichten oder doppelseitig plattierte Bleche erschweren das Schneiden recht erheblich oder schließen es gänzlich aus. Versuche, kupferplattierte Bleche von der Kupferseite aus zu schneiden, sind nur z. T. befriedigend ausgefallen. Mit Silber, Monel und anderen Metallen plattierte Stahlbleche und mit anderen Leichtmetallegierungen plattierte Aluminiumbleche sind nicht schneidbar. Während mit Nickel oder Remanit plattierte, etwa 15—20 mm dicke Bleche mit einer Vorschubgeschwindigkeit von im Mittel 500 mm/min geschnitten werden können, erreicht die Schnittleistung an kupferplattierten Blechen etwa die Hälfte, also rund 250 mm/min. Um Kratzer und Schrammen auf der stets weicheren Plattierungsfläche zu verhüten, ist dem sorgfältigen Lagern und Bewegen der Blechtafeln beim Schneiden besonderes Augenmerk zuzuwenden.

2. Pulverschneidverfahren[1].

Allgemeines. Diesem in den USA entwickelten, in Deutschland zurzeit praktisch noch wenig eingeführten Verfahren (Powder Cutting)[2] liegt der Gedanke zugrunde, dem Schneidsauerstoffstrahl durch eine besondere Blasleitung bestimmte Wirkstoffe zuzuführen, um die Arbeit des Sauerstoffstrahles zu unterstützen und dadurch zusätzliche Verbrennungswärme zur Überhitzung und zum Leichtflüssigmachen der schmelz- und oxydierbaren Werkstoffbestandteile zu erreichen. Damit sollen die Schwierigkeiten überwunden werden, die sich dem Schneiden von Metallen, deren Oxyde durch einen höheren Schmelzpunkt ausgezeichnet sind, entgegenstellen und die einen zusammenhängenden Brennschnitt ausschließen. Da bei einigen Chrom-Nickel-Stählen die Oxydbildung z. T. exotherm verläuft, ist

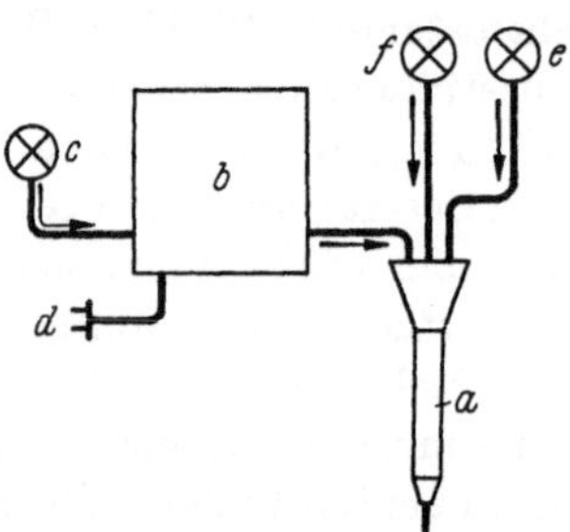

Bild 135. Schema des „Linde"-Pulver-Schneidverfahrens.

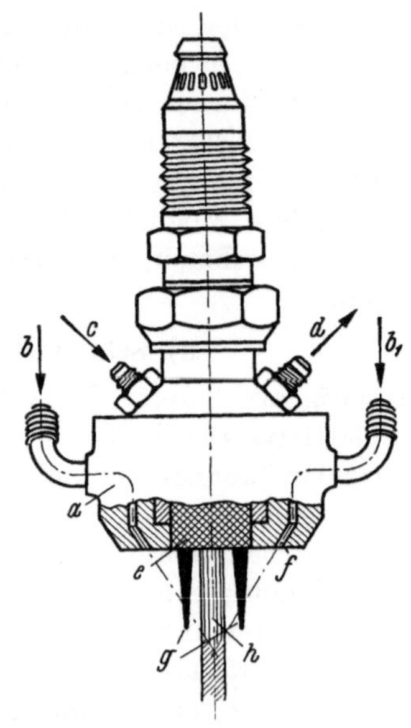

Bild 136. Linde-Pulver-Schneidbrenner.

eine ununterbrochene Reaktion nicht aufrecht zu erhalten. Während alle bislang versuchten Hilfsmittel, nichtrostende Stähle zu schneiden,

---

[1] BELLEW, G. E.: The Uses of Flux-Injection Cutting for Stainless Steels, The Welding Journal Heft 2, S. 112, 1948 (Airco-Verfahren). — LEDUC, A. E.: Le coupage oxy-cinetique, Revue de la Soudure Heft 1, 1950. — KEEL, C. G.: Über den Stand der Pulverschneidverfahren. Z. Schweißtechn. Basel 1948, S. 125 u. f. — [2] FLEMING, D. H.: Powder Cutting of High Alloys, Materials and Methods, 1947, Heft 2, S. 73f.

praktisch versagten, führte das neue Verfahren des Pulverschneidens zum Erfolge.

Verfahrensarten. Gegenwärtig hat man zwischen drei verschiedenen Pulver-Schneidverfahren, und zwar zwei amerikanischen und einem französischen zu unterscheiden; alle Verfahren sind patentrechtlich geschützt und lizenzpflichtig. Ohne Unterschied verwenden diese Verfahren als Heizflamme ein Azetylen-Sauerstoff-Gemisch.

Beim *Oxweld-* oder *Linde-Verfahren* wird hauptsächlich ein eisenreiches Pulver oder *Eisenpulver* schlechthin benutzt, während sich das *Airco-Verfahren* (Air Reduction Sales Co.) eines feinpulverisierten, fast staubförmigen *Natriumsalzes* (Natriumbicarbonats) bedient, also chemischer Natur ist. Versuche, auch andere Flußmittel, wie Bormethylester in reiner oder mit Methanol und Azeton gemischter Form zu verwenden, können als noch nicht abgeschlossen gelten. Das Pulver ist hygroskopisch und muß sorgfältig trocken aufbewahrt werden.

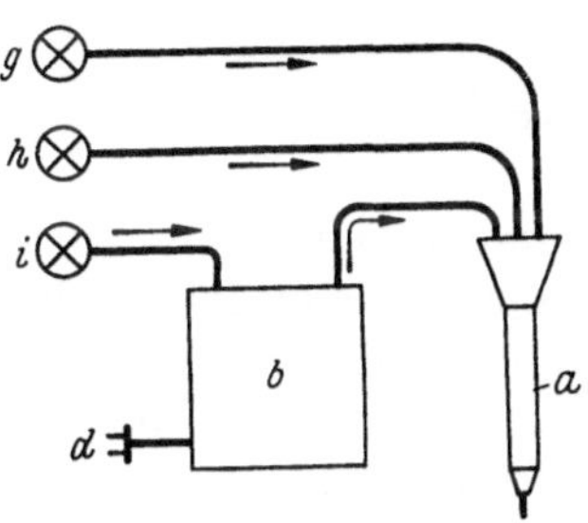

Bild 137. Schema des „Airco"-Flußmittel-Schneidverfahrens.

Bild 138. Airco-Pulver-Schneidbrenner.

Das dritte Verfahren, das *Cinox-Verfahren* (Frankreich) benutzt feine Sandkörnchen, Quarzsand, als Wirkstoff und ist mechanischen Charakters, da die Schnittfugen durch die kinetische Energie des Sandes gesäubert werden.

Pulver-Schneideinrichtungen. In den folgenden Skizzen ist der Aufbau solcher Pulverschneideinrichtungen schematisch dargestellt. Bild 135 zeigt das Schema der „*Linde*"-Pulverschneidanlage. Aus einem meist fahrbaren Behälter wird das Eisenpulver unter Druck in einen Zerstäuber b befördert, hier dosiert und zerstäubt und über eine besondere Leitung dem Schneidgerät a zugeführt. e ist die Azetylen-, f die Sauerstoffzuleitung und c die Zuleitung für Preßluft. Den elektrischen Steckeranschluß für den Zerstäuber (Vibrator) deutet d an. Von der elektromotorisch angetriebenen Schnecke der Einspritzanlage wird das Pulver dem Schneidbrenner a zugeführt, dessen Einrichtung in Bild 136 wiedergegeben ist.

Das Pulver wird dem Schneidbrennerkopf a an den beiden Anschlußgewinden $b—b_1$ zugeführt und durch die schrägstehenden Kanäle f am Ende der Heizflamme g in den Schneidsauerstoffstrahl h hinein·

geblasen. e ist die Schneiddüse, c ist ein Kühlwasserzufluß- und d ein Wasserabflußstutzen. Das Schneidgerät wird demnach für größere Schnittleistungen mit einer Wasserkühlvorrichtung versehen. Da der Hochdrucksauerstoff innerhalb der Leitungen nicht Träger des eisenreichen Pulvers sein darf und, wie gesagt, erst vor der Heizflamme mit

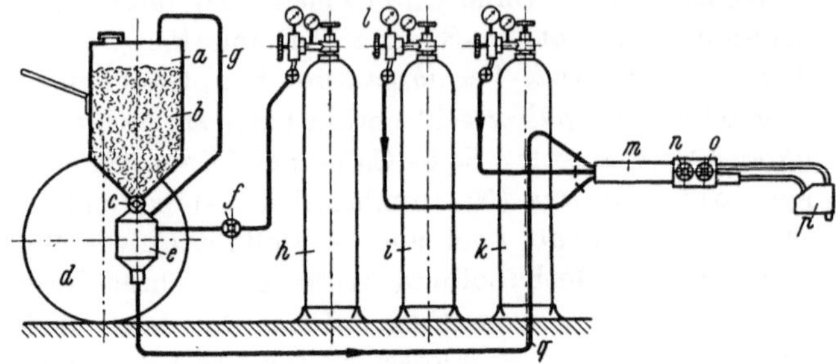

Bild 139. Cinox-Pulver-Schneiden.

diesem zusammentrifft, können durch Anschrauben eines besonderen Pulverschneidkopfes auch normale Schneidbrenner verwendet werden.

Beim „*Airco*"-Verfahren, dessen Einrichtung aus der schematischen Skizze Bild 137 hervorgeht, wird das Flußmittel durch den Schneidsauerstoffstrahl selbst dem Schneidbrenner a zugeführt. b ist wiederum der Zerstäuber, d der Steckeranschluß, i die Schneidsauerstoff-Zuleitung (Flasche) und g und h sind die Azetylen- und Sauerstoffflaschen für die Heizflamme.

Bild 138 zeigt den für maschinellen Betrieb bestimmten, in einem Zahnstangengetriebe in seiner Höhe verstellbaren Schneidbrenner für das Airco-Verfahren.

Beim „*Cinox*"-Verfahren Bild 139 lagert das Pulver (Quarzsand) b in einem auf Rädern d fahrbaren Behälter a. Der der Stahlflasche h entnommene, über ein Regelventil f dosierte Sauerstoff reißt über eine Einrichtung c—e das Pulver mit und

Bild 140. Cinox-Schneidanlage.

treibt es durch die Leitung q zum Schneidbrenner m. Die an den Druckminderern l auf den üblichen Druck eingestellten Heizgase Azetylen (i) und Sauerstoff (k) werden, wie bei gewöhnlichen Schneidbrennern, an den Handregelventilen *n* und *o* des Brenners *m* mengenmäßig dosiert. Bild 140 zeigt eine solche Anlage in der Ansicht. Da der Quarzsand vom Schneidsauerstoff durch eine pneumatische Einrichtung aufgenommen wird (Bild 139), ist ein elektrischer Anschluß bei diesem Verfahren nicht notwendig.

Anwendung der Verfahren. Sieht man von dem auf rein mechanische Wirkung abgestellten Cinoxverfahren zunächst einmal ab, so kommt man zu dem Ergebnis, daß sich die beiden anderen Verfahren in ihrer Arbeitsweise sehr ähnlich sind. Das Lindeschneidverfahren, das anfänglich für das Schneiden von Gußeisen gedacht war, hat sich in Amerika besonders für das Trennen chromlegierter Stähle erfolgreich eingeführt und die Einrichtungen hierfür werden heute bereits auch in Deutschland durch die LINDE A. G. auf den Markt gebracht. Chrom besitzt eine große Oxydierbarkeit. Das im Sauerstoffstrom entstehende Chromoxyd haftet fest an den Trennfugenflächen und verhindert eine weitere Oxydation des Metalles, der Schneidvorgang wird unterbrochen. Durch das Einbringen des Flußmittels kann die Verflüssigung der Oxydationsprodukte wesentlich unterstützt, d. h. das Chromoxyd kann infolge des Vermischens mit dem Eisenoxyd „verdünnt", durch das aufschlagende Eisenoxyd fortbewegt und durch den Sauerstoffstrahl fortgeblasen werden. Infolge der hohen Verbrennungswärme des Pulvers ist das sonst immer notwendige Anheizen der Schnittansatzstelle meist entbehrlich.

Auch höher als nichtrostende Stähle mit Nickel legierte Eisenwerkstoffe sind nach diesen Verfahren noch verhältnismäßig gut schneidbar. Die Schnittflächen fallen im allgemeinen viel rauher und furchiger aus als beim Stahlschnitt und erfahren, soweit es sich auf härtbare, martensitische nichtrostende Stähle bezieht, eine z. T. erhebliche Aufhärtung. Die Schnittfugen fallen um 30—50 % breiter aus als beim Stahl. Zur Erhöhung der Korrosionsfestigkeit ist es ratsam, mit Titan und Niob nicht stabilisierte Werkstoffe an den Trennflächen durch Abschleifen des Zunders zu säubern.

Beim Schneiden von *Gußeisen* kann das hierbei sonst übliche sägeförmige Bewegen des Schneidbrenners entfallen. Allerdings entstehen hier, wie beim normalen und beim Lichtbogenschneiden, sehr harte ledeburitische Schnittflächen.

Nach PFEIFFER sind Stähle der Cr-, Cr–Ni-, Cr–Ni–Mo-Gruppe auch mit einem Si-Gehalt von 2 % mit entsprechend dimensionierten Brennern in allen vorkommenden Abmessungen ohne Schwierigkeiten brennschneidbar. Mit Sicherheit wurden an 18/8-Stählen von 660 mm Dicke Schnitte durchgeführt, die noch nicht die obere Grenze des Schnittdickenbereichs bedeuten sollen. Durch Auswechseln des Schneidkopfes am Lindebrenner gegen einen Hobeleinsatz, kann das Gerät auch zum Fugenhobeln von Cr–Ni-Stählen benutzt werden.

Das Schneiden *plattierter Bleche* (Verbundwerkstoffe) ist mit angenähert gleicher Sicherheit möglich wie das Brennschneiden einheitlicher Werkstoffquerschnitte. Bleche unter 6 mm Dicke werden vorteilhaft im *Stapel* geschnitten, wobei dem satten Aufliegen der einzelnen Lagen nicht die große Bedeutung zukommt wie beim Stahlschneiden; es genügt ein loses Aufeinanderlegen der Bleche.

Die *Schnittgeschwindigkeit* beträgt bei 10 mm dicken Cr–Ni-Blechen zwischen 400 und 550 mm/min, liegt demnach etwa in gleicher Höhe mit dem normalen Stahlschneiden. An 25 mm dicken Blechen soll eine Vorschubgeschwindigkeit von 350—400 mm/min, an 50 mm-Platten eine solche von 50—60 mm/min erreicht werden können (amerikanische Angaben).

Bezüglich der metallurgischen Veränderung des *Gefüges* von Cr–Ni-Stählen an den Schnittflächen wird angegeben, daß beispielsweise bei 18/8-Stahl von 30 mm Dicke die Umwandlungszone eine Tiefe von nur 1 mm an der Schnittkante und von nur 0,6 mm an den Flächen erfahren habe. Interkristalline Korrosion sei nur gelegentlich neben der Schneidkante im nichtstabilisiertem Werkstoff, im stabilisierten jedoch nicht aufgetreten.

Das Schneiden von NE-Metallen. Wohin die Versuche, das Verfahren auch auf das Trennen von NE-Metallen zu übertragen, führen werden, ist zurzeit noch nicht abzusehen. Kupfer und Aluminium und deren Legierungen sind gegenwärtig noch nicht schneidbar. Dagegen sind Nickel und hochnickelhaltige Legierungen, z. B. Monel heute bereits bis etwa 100 mm Dicke schneidbar. Hierbei wird allerdings mehr geschmolzen als oxydiert, so daß dem Lichtbogenschnitt ähnliche, wenig saubere Schnittflächen entstehen. Gegenüber Stahl beträgt die Schnittgeschwindigkeit annähernd nur 25 %.

Wirtschaftlichkeit. Im Vergleich zum klassischen Brennschneiden liegen die Gestehungskosten um mehr als das Doppelte höher, weil der Kostenanteil für das Pulver allein zwischen 30—50 % ausmacht und die Lizenzgebühren, die beim Ankauf der Geräte zu erstatten sind, als immerhin reichlich hoch bezeichnet werden müssen. Außerdem sind die Leistungsdaten bei den verschiedenen Schneidverfahren nicht allein unter sich sehr unterschiedlich, sondern auch in bezug auf dasselbe Verfahren, da hierbei die Art des zu schneidenden Werkstoffs naturgemäß eine ausschlaggebende Rolle spielt. Aus diesem Grunde wird auf die Wiedergabe der wenigen bisher bekannt gewordenen Leistungstabellen gegenwärtig bewußt verzichtet. Liegen die wirtschaftlichen Verhältnisse des Pulverschneidens beim Trennen von Cr–Ni-Stählen auch günstiger, besonders dann, wenn solche Arbeiten fertigungsmäßig laufend anfallen, so trifft dies für die Bearbeitung von Gußeisen weniger zu. Die Anschaffungskosten für eine solche Schneidanlage können sich nur dann amortisieren, wenn im Gießereibetrieb zur Entfernung von Gießtrichtern und verlorenen Köpfen von dem Verfahren vielseitig Gebrauch gemacht werden kann. Dagegen verlohnt sich die Beschaffung einer solchen Anlage für das gelegentliche Verschrotten gußeiserner Werkstücke nur in seltenen Fällen.

3. Betonbohren.

Allgemeines. Zu den Randgebieten des Brennschneidens gehört das in den letzten Jahren erstmalig praktisch ausgeübte Betonbohren, ein Verfahren, das sich vorwiegend der Bearbeitung *nichtmetallischer* Werkstoffe zuwendet. Dieses Verfahren, das nebenbei auch zum Löcherbohren in dicke Stahlblöcke benutzt werden kann, hat seinen Vorgänger in der beim Aufschmelzen eingefrorener Hochofenabstiche angesetzten, auf S. 2 geschilderten „Sauerstofflanze", die durch eine besondere Umgestaltung die Möglichkeit bietet, in Beton und Gesteine, wie Sandstein, Granit und andere Mineralien Löcher zu bohren. Nach erfolgreicher Anwendung des Sauerstoffbohrens bei der Beseitigung von Betonbefestigungswerken in verschiedenen Ländern[1], wie Frankreich, England und Belgien, gelangte es — gefördert durch die Entwicklungsarbeiten von Wolf und Zorn[2] — auch in Deutschland zur Anwendung.

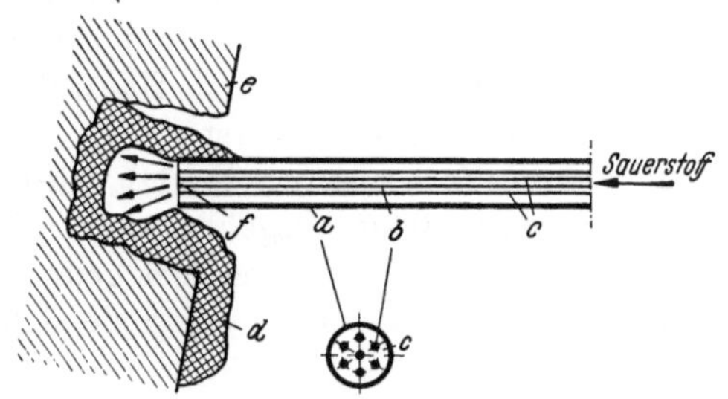

Bild 141. Schematische Darstellung des Betonbohrens.

Arbeitsweise. Das Bohrgerät, dessen Arbeitsweise in Bild 141 schematisch skizziert ist, besteht aus einem dickwandigen, mehrere Meter langen, weichen Stahlrohr *a* und besitzt im Innern einen profilierten, genuteten, vierkantigen oder sonstwie geformten Stahlkern, der, um einem Herausschleudern aus dem Lanzenrohr während des Betriebes vorzubeugen, an der Sauerstoffeintrittsstelle mit dem Rohr verschweißt sein muß. Im Bild besteht der auch mit Stahlseele bezeichnete Kern aus einem Bündel Rundeisen *b*. Dabei soll die Verteilung des Sauerstoffs über den Rohrquerschnitt möglichst gleichmäßig sein. Nachdem das vordere Ende *f* der Lanze (Bild 141) mit dem Schweißbrenner oder mit einer Zündpatrone auf Hellrotglut gebracht wurde, wird durch die Zwischenräume *c* des Kerns Sauerstoff gedrückt, der ein lebhaftes Verbrennen des Rohrendes *f* mitsamt dem Kernbündel *b* herbeiführt. Der Lanze selbst wird

---

[1] Z. Schweißtechn. Zürich 1949, Heft 12.

[2] Die Sauerstofflanze zum Brennen von Löchern in Beton, Mineralien und Stahl. Schweißen und Schneiden. 1950, Heft 6.

demnach nur Sauerstoff und kein Heizgas zugeführt, wie es bei der früher beschriebenen Abstichlanze der Fall ist. Um die Werkstoffverluste am eigentlichen Lanzenrohr, das entsprechend der Bohrlochtiefe nur auf eine bestimmte Länge abgeschmolzen werden kann, zu verringern, wird zwischen Lanzenrohr d und Panzerschlauchanschluß a ein Sauerstoffzuführungsrohr b, Bild 143, angeordnet; c ist die Lanzenseele. Die grundsätzliche Einrichtung einer solchen Brennrohranlage veranschaulicht Bild 142. a ist die Betonwand, b ein die Arbeiter gegen Funken und Schlackenflug

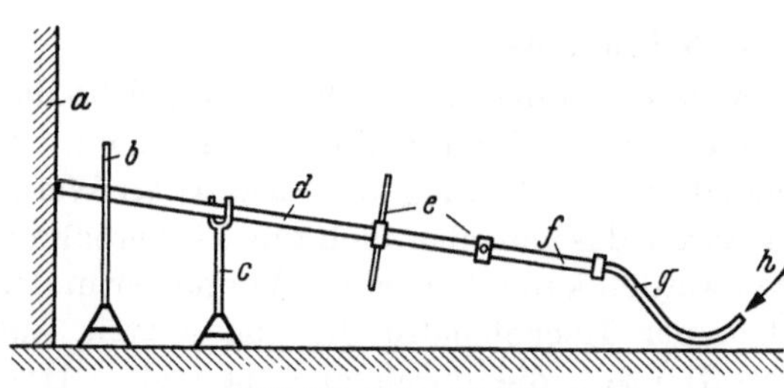

Bild 142. Beton-Schneidanlage.

schützendes Schutzschild, c ist ein die Lanze d tragender, in seiner Höhe verstellbarer Ständer und e sind zwei auf der Lanze verschiebbare Druckvorrichtungen. Das schräg nach oben gelagerte, durch das Sauerstoffrohr f verlängerte Lanzenrohr d erhält den Sauerstoff über den Panzerschlauch g, der mit dem Hauptdruckminderer einer SauerstoffFlaschenbatterie gekoppelt ist.

Sobald die Verbrennung einsetzt, wird die Lanze mit einem Anpreßdruck von etwa 50 kg, ausgeübt von 4 Arbeitern (an e Bild 142), gegen den aufzuschmelzenden Betonblock gedrückt und entsprechend dem Abbrand weiter nachgestoßen, wobei sie sich, bildlich gesprochen, in den Beton hineinfrißt.

Durch die Verbrennungswärme des Eisens wird der Beton zum Schmelzen gebracht; Eisenoxyd und Beton bilden eine durch die lebendige Kraft der Verbrennungsgase und des Schneidsauerstoffs aus dem Bohrloch herausgepreßte, dünnflüssige Schlacke d

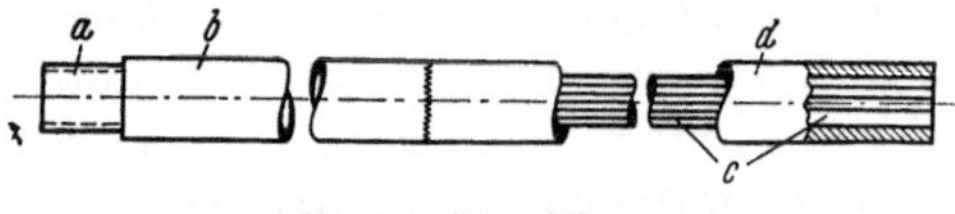

Bild 143. Schneidlanze.

(Bild 141). Die ähnlich einem Lavastrom aus dem Bohrloch abfließende Silikatschlacke ist nach dem Erkalten zwar spröde, aber verhältnismäßig leicht entfernbar. Durch das Erfordernis, die Bohrlöcher in waagerechter Lage, des leichteren Schlackenabflusses halber besser noch mit einer Neigung nach oben anzubringen, ist, in Richtung des Bohrgeräts gesehen, der Verfahrensanwendung eine natürliche Grenze gezogen, da unterhalb der Horizontalen gelegene Bohrwinkel unmöglich sind. Das Verfahren besitzt pneumatischen Werkzeugen gegenüber den Vorteil, daß Eisenarmierungen im Beton die Bohrarbeit nicht stören, vielmehr eher eine Leistungssteigerung ergeben.

Insbesondere bei größeren Bohrtiefen sind kurze Hin- und Herbewegungen des Gerätes empfehlenswert, weil auf diese Weise ein Festschmelzen der Lanze am besten verhindert werden kann. Mit fortschreitendem Abbrand der Lanze und dadurch abnehmendem Strömungswiderstand muß der Sauerstoffdruck am Druckminderer gedrosselt werden. Allerdings dürfen Sauerstoffdruck und -menge nicht so weit herabgesetzt werden, daß der Schlackenabfluß behindert wird, d. h. daß das Schlackengemisch nicht im Bohrloch verbleibt und die Lanze in ihm festbrennt. Es ist zweckmäßig, die Sauerstoffkanäle mit einem Oxydationsschutz zu versehen und bei großen Bohrtiefen auch das Lanzenäußere mit einem solchen zu überziehen.

Die sich entwickelnden Rauchgase bestehen zu etwa 90 % aus Fe_2O_3, der Rest aus SiO_2 und CaO. Deshalb ist beim Lochbohren in Stollen oder geschlossenen Räumen für eine gute Entlüftung Sorge zu tragen.

Das Betonbohren hat sich auch bei Unterwasserarbeiten gut bewährt, wobei es offenbar durch den entstehenden Wasserdampf begünstigt wird.

Arbeitsbedingungen. Durch das Betonmischungsverhältnis werden Lochdurchmesser und Lanzenabbrand beeinflußt. Beispielsweise sind Veränderungen im Lochdurchmesser nur gering, während die Größe des Lanzenabbrandes stärkeren Schwankungen unterliegt, wenn der Anteil an Kies wächst. Dies erklärt sich daraus, daß der Schmelzpunkt des Zements tiefer liegt als der von Kies und deshalb größere Wärmemengen erforderlich sind, die einen gesteigerten Lanzenabbrand bedingen.

Um ein Abknicken der Lanze zu verhüten, wächst ihr Durchmesser mit der Dicke des Betonblocks. Nach WOLF und ZORN haben sich in der Praxis die folgenden Abmessungen als günstig erwiesen:

20 mm Lanzendurchmesser bei Betondicken bis 1 m,
26 mm   ,,   ,,   ,,   ,, 2 m und
34 mm   ,,   ,,   ,,   ,, 4 m.

Normalen Sauerstoffverbrauch vorausgesetzt, beträgt der Bohrlochdurchmesser dabei 40—70 mm, was angenähert dem jeweils doppelten Lanzendurchmesser entspricht. Durch gesteigerten Sauerstoffverbrauch läßt sich eine Vergrößerung des Lochdurchmessers unschwer erzielen.

Der normale Sauerstoffbedarf wurde bei 20 mm Lanzendurchmesser mit 40 m^3/h ermittelt. Für Beton und andere silikathaltige Steine können als Norm folgende Verbrauchsziffern in Ansatz gebracht werden:

für Sauerstoff in m^3/h $= 14 \times$ Lanzenquerschnitt in cm^2,
für Lanzenwerkstoff in cm $= 4 \times$ Betondicke in cm,

ein Verbrauch, der der Wirtschaftlichkeit und umfassenden Anwendung des Verfahrens noch hinderlich im Wege steht.

Von HASE[1] an einem Betonhochbunker durchgeführte Bohrversuche hatten folgende Ergebnisse: Lanze 20/10 mm $\varnothing$, Loch- $\varnothing$ 40 mm, Betonwanddicke 1000 mm, Bohrleistung rund 400 mm/min, Anpreßdruck 70 kg, Sauerstoffverbrauch etwa 750 l/min, Lanzenverbrauch das 3,8—4fache je Meter Betondicke.

Lochbrennen in Stahlblöcke. Auf die Möglichkeit, auch Stahlblöcke mit demselben Gerät ausbrennen zu können, wurde bereits hingewiesen. Allerdings entfällt hier der beim Betonbohren mit 50—60 kg ausgeübte Anpreßdruck der Lanze. Die Arbeitsgeschwindigkeit liegt bei 22 mm/s, d. h. bei 1,3 m/min, was dem rund Vierfachen der beim Betonbohren erreichbaren Brenngeschwindigkeit entspricht. Der Lanzenabbrand ist geringer als beim Betonbohren und macht etwa 5 mm je 10 mm Lochtiefe aus. Ob dieses Verfahren in Anbetracht seines gegenüber dem Betonbohren erheblich höheren Sauerstoffbedarfs und des wenig sauberen Bohrlochaussehens noch als wirtschaftlich bezeichnet werden kann, erscheint fraglich.

G. Unterwasserschneiden.

Allgemeines. Das Zerlegen versenkter oder gesunkener Schiffe und unterhalb des Wasserspiegels liegender Brückenteile, das Abschneiden von Spundwänden unter Wasser, See- und Hafenbau, Tiefbau, Docks, Wehre u. a. sind das Hauptanwendungsgebiet des erstmalig im Jahre 1908 ausgeübten Unterwasser-Schneidverfahrens. Es ist noch in Wassertiefen bis 60 m ohne Störung anwendbar und gestattet, Werkstoffdicken bis 150, notfalls auch bis 200 mm rasch und wirtschaftlich zu trennen. Während Wasserströmungen den Schneidvorgang nur wenig beeinflussen, ist undurchsichtiges Wasser für die Schnittleistung nachteilig. Selbstverständlich ist ein mit dem Sonderschneidgerät gut ausgebildeter Taucher erforderlich, dessen Ausrüstung beliebig sein kann (schlauchloses und Schlauch-Tauchergerät). Da die beim Brennschneiden immer auftretenden sichtbaren und unsichtbaren Strahlen vom Wasser weitgehend absorbiert und gebrochen werden, sind beim Schneiden farbige Schutzgläser vor dem Taucherhelmfenster nicht unbedingt notwendig.

Brennerkonstruktionen. Bei der Durchbildung des Unterwasser-Schneidbrenners (UW-Brenner) waren verschiedene Schwierigkeiten zu überwinden. Das Gasmischungsverhältnis der Heizflamme muß hier ein anderes sein als über Wasser. Der Flamme muß die *gesamte* zur vollständigen Verbrennung des Brenngases notwendige Sauerstoffmenge unmittelbar zugeführt werden, weil der an der Verbrennung sonst teil-

---

[1] HASE: Schweißen und Schneiden. 1949, Heft 1.

nehmende Luftsauerstoff fehlt. In geringer Wassertiefe, bis etwa 3 m, kann der Gasdruck der Flamme gegenüber dem Wasserdruck noch aufrecht erhalten werden. In größeren Tiefen sind besondere Vorkehrungen zu treffen, die für ein Abdrängen des im Bereiche der Flamme befindlichen Wassers zu sorgen haben. Verschiedene Brennerbauarten führten zum gleichen Ziele.

Das Prinzip eines UW-Brenners für *Azetylenbetrieb* mit Preßluftdüse und elektrischer Zündvorrichtung veranschaulicht der Brennerkopf Bild 144. Durch das Rohr *d* wird Azetylen zugeführt, das vom bei *c* zuströmenden Heizsauerstoff über die Druckdüse in *g* angesaugt und als Heizgasgemisch an der Düsenmündung *g* verbrannt wird. Der über ein Regelventil *i* durch *b* zufließende Hochdruck-Sauerstoff tritt an der Düse *h* als Schneidstrahl, und zwar nicht konzentrisch, sondern außerhalb der Heizflamme aus. *f* ist die Zündgaszuleitung (Azetylen) und *e* die elektrische Zünd-

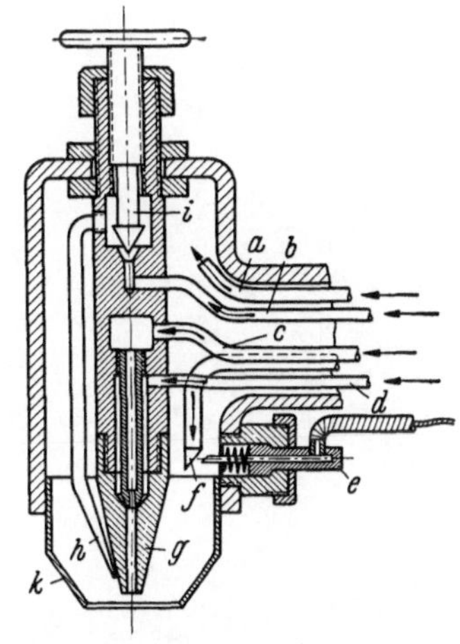

Bild 144. Kopf eines Schneidbrenners mit Preßluftmantel.

einrichtung. Die durch das Rohr *a* in den Brennerkopf einströmende Preßluft tritt aus der Manteldüse *k* ringförmig aus und drängt das um die Flamme vor *b* vorhandene Wasser ab. Das Gerät besitzt demnach außer dem Zündkabel bei *e* fünf Rohranschlüsse.

Einen kompletten UW-Brenner älterer, aber noch heute viel benutzter, für Azetylen-, Wasserstoff- oder Benzin- und Preßluftbetrieb bestimmter Bauart bringt Bild 145 („Union"). *a* ist das schneidsauerstoff-, *c* das heizsauerstoff- und *q* das brenngasführende Rohr. Die Preßluft wird über *d* zugeleitet. Der Schneidkopf *f* ist an einem Zwischenstück *e* auf beliebige Schnittwinkel einstellbar. Bild

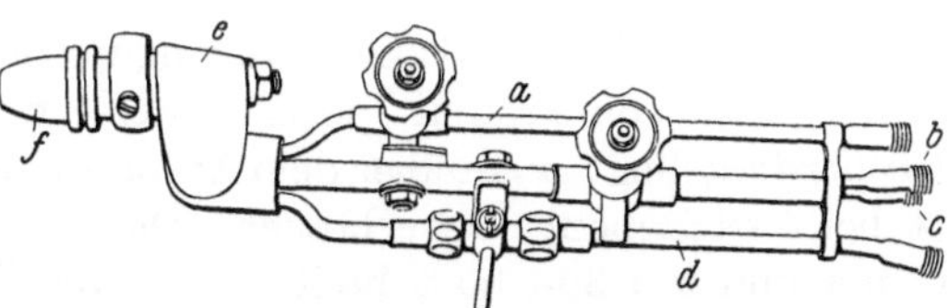

Bild 145. Unterwasserschneidbrenner für Azetylen- oder Wasserstoffbetrieb mit Preßluftmantel.

146 veranschaulicht diesen Brenner während der Arbeit. In einer Trickaufnahme (ANDERS), Bild 147, ist der Versuch gemacht worden, den neuesten UW-Brenner für Benzin (Union) in seinem Zusammenbau sichtbar werden zu lassen. Die als Mischdüse dienende Innendüse *a* ist mit schraubenförmigen Aussparungen *b* versehen. Heiz- und Schneiddüse sind auch hier als Ringdüse ausgebildet. Die Außendüse *c*, die

unmittelbar auf das Werkstück aufgesetzt wird, arbeitet als Wasserverdrängungsdüse.

Die für verschiedene Wassertiefen notwendigen *Gasdrücke* sind auf Grund von Messungen in Versuchsanlagen festgelegt worden. So sind beispielsweise für 20 bis 25 m Wassertiefe erforderlich

4,5—5 atü für Preßluft und Brenngas, 6—7 atü für den Heiz- und Schneidsauerstoff.

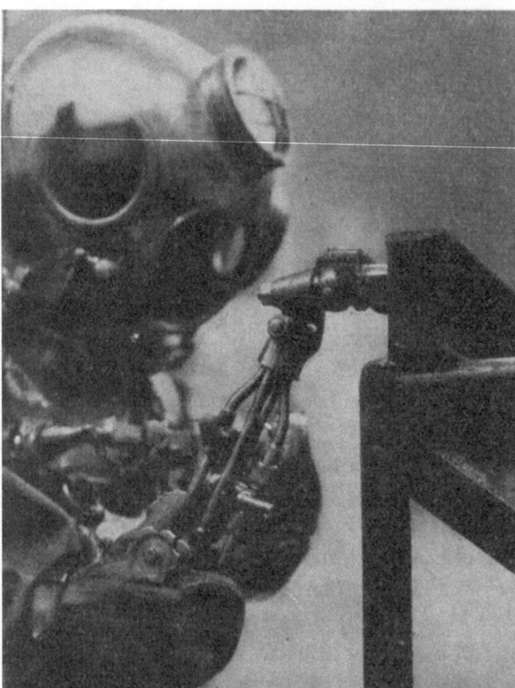

Bild 146. Taucher beim **Unterwasserschneiden**.

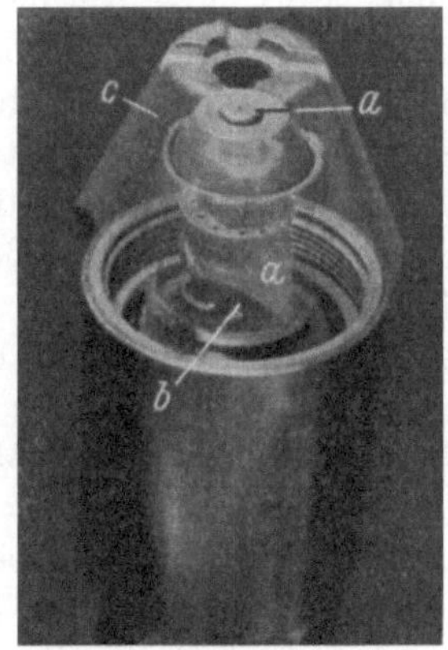

Abb. 147. Kopf des „Union"-UW-Schneidbrenners.

Erwähnt sei, daß für die Wasserverdrängung der Verwendung von Sauerstoff an Stelle von Preßluft normalerweise nichts im Wege steht. Die *Schnittleistung* liegt gegenüber dem Arbeiten an der Luft bei etwa 40 bis 80 % bei 4—6fachem Gasverbrauch. Die *Schnittfugen* sind nach unten verjüngt und um 30—50 % breiter als beim Überwasserschneiden.

Neuere, größtenteils mit *flüssigen Brennstoffen* arbeitende UW-Brenner verzichten auf den Preßluftmantel. Sie sind mit mehreren auswechselbaren Schneideinsätzen ausgestattet und durch ein Ventilzwischenstück mit den Absperrorganen *a*, Bild 148 („Griesheim"), und mit den Schlauchanschlüssen *b* verbunden. Der bequemeren Handhabung des Gerätes durch den Taucher halber sind die Ventile um ihre Achse verstellbar. Den wichtigsten Bestandteil, den Kopf eines solchen UW-Brenners, zeigt Bild 149 im Längsschnitt. Der flüssige Brennstoff, in diesem Falle Benzin (C_6H_{14}) fließt durch die Leitung a über mehrere mit Filtern g versehene Bohrungen dem Brennerkopfe zu, von denen aus es schräg nach außen in einen Ringraum e abgelenkt und mit dem bei b

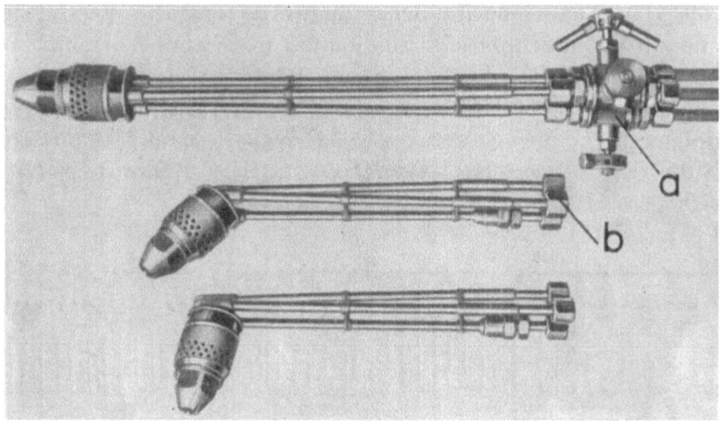

Bild 148. Unterwasserschneidbrenner für Benzinbetrieb.

zugeleiteten und ebenfalls über mehrere Bohrungen verteilten Heizsauerstoff vermischt wird. Durch die mittlere, geradlinig angeordnete Bohrung c wird der Schneidsauerstoff zentral zugeleitet. Vom Ringraum

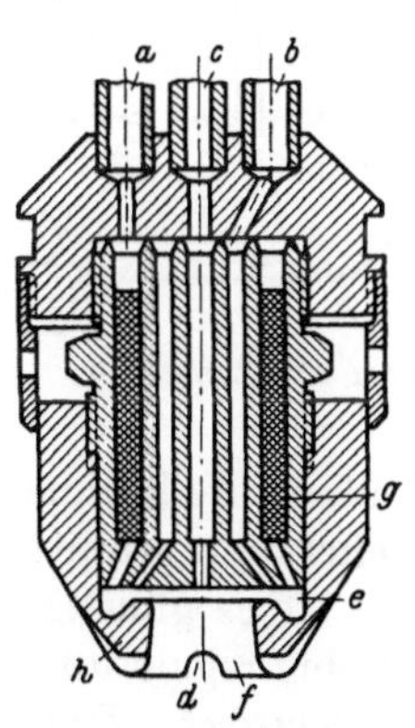

Bild 149. Kopf eines UW-Schneidbrenners neuester Bauart.

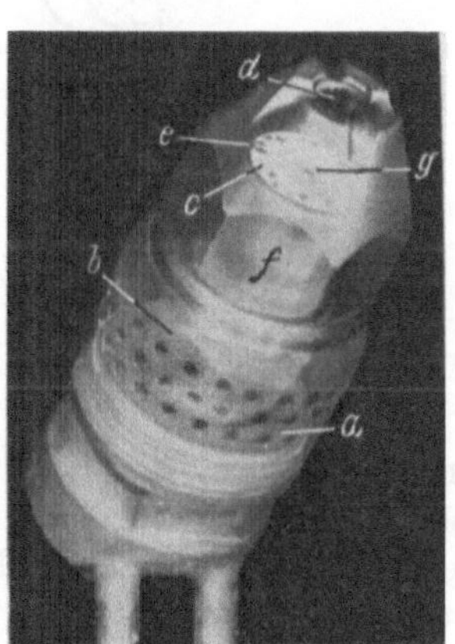

Bild 150. Kopf des GRIESHEIM-UW-Schneidbrenners.

(Kammer) e aus schlägt die Heizflamme durch die Öffnung f nach außen. Um den richtigen Abstand der Düse vom Schneidobjekt sicherzustellen und ohne Führungswagen eine störungsfreie Bewegung des Gerätes zu ermöglichen, befindet sich an der Düsenmündung eine Nase h, die auf das Werkstück aufgedrückt wird. Schlitze d sorgen für die Ableitung der Flammengase und des überschüssigen Schneidsauerstoffs.

Ebenfalls eine Trickaufnahme von ANDERS gestattet, wie Bild 150 erkennen läßt, den Einblick in das Innere des Schneidbrennerkopfes nach Bild 149. Der äußere gelochte Schutzmantel a ist für die Wasserkühlung der Innendüse b bestimmt. Durch die am Außenrande c der kurz hinter der Düsenöffnung d angeordneten scheibenförmigen Innendüse b befindlichen Löcher e tritt das Heizgas–Sauerstoff-Verdrängergemisch aus. Die Außendüse f, die ebenfalls auf das Werkstück aufgesetzt wird, ist Heiz- und Verdrängerdüse. Durch die mittlere Bohrung g tritt der Schneidsauerstoffstrahl aus.

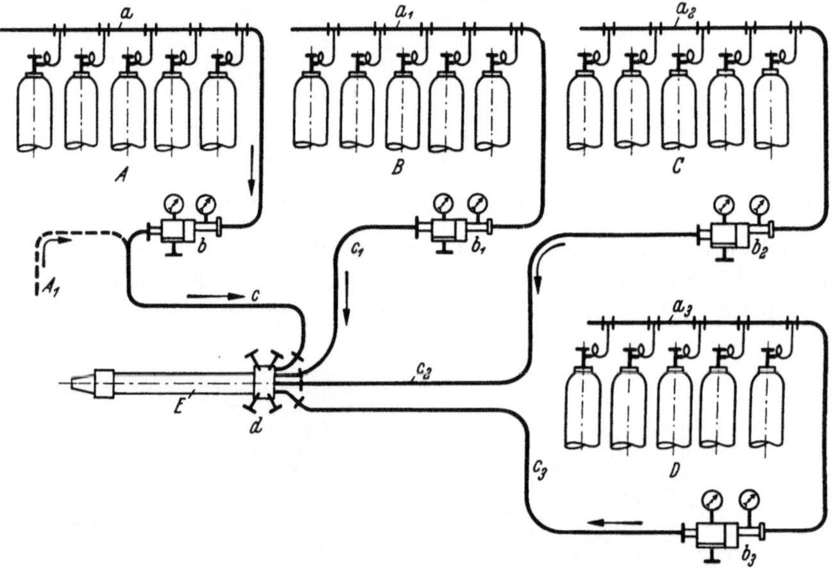

Bild 151. UW-Schneidanlage für Wasserstoff- oder Azetylenbetrieb.

Zündvorrichtung. Anfangs erfolgten die Zündung der Brennerflamme nur über Wasser und das Niedergehen des Tauchers mit schnittfertigem Brenner. Bei etwaigem Erlöschen der Flamme ist es günstiger, wenn der Taucher den Brenner an Ort und Stelle beliebig regeln und an- und ausschalten kann. Zu diesem Zwecke wurde ein *elektrischer Unterwasser-Zündapparat* konstruiert. Er besteht im wesentlichen aus einer elektrischen Zündkerze mit Druckschalter und ist durch Kabel mit einem auf der Brust des Tauchers getragenen Gehäuse verbunden. In diesem ist ein Akkumulator untergebracht, der über einen Umformer Hochspannungsstrom an die Zündkerze abgibt. Da die Zündung unter Wasser für den Taucher nicht ungefährlich ist, nimmt er meistens das brennende

Schneidgerät beim Abstieg mit, oder es wird ihm an einem Seil nach-
gereicht. Die Gefahr des Unterwasserzündens beruht darauf, daß es
nicht schnell genug erfolgt und sich infolgedessen unverbrannte Gase an-
sammeln, bzw. zur Wasseroberfläche.emporsteigen und dort zur Zündung kommen können. Beim Schneiden mit Benzol oder Benzin ver-
bietet sich das Unterwasserzünden von selbst, weil die Vergasung des
Brennstoffs erst im Brennerkopf erfolgt.

Schneidanlagen. Beim Unterwasserschneiden werden als Heizgase
Azetylen, Wasserstoff, Benzol und *Benzin* verwendet. Alle zur Einrichtung gehörigen Teile befinden sich (natürlich Brenner und Zündgerät
ausgenommen) über Wasser und werden von Hilfsarbeitern bedient.
In den letzten Jahren ist man immer mehr dazu übergegangen, an Stelle
gasförmiger Brenntoffe flüssige zu verwenden.

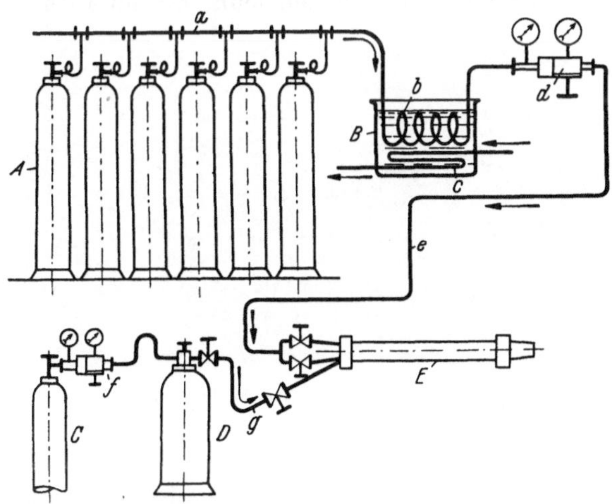

Bild 152. UW-Schneidanlage für Benzinbetrieb.

Das Einrichtungsschema einer UW-Schneidanlage für *gasförmige*
Brennstoffe zeigt Bild 151. Alle Betriebsstoffe werden zu Batterien zu-
sammengekoppelten Stahlflaschen entnommen und dem Schneidgerät
E durch Schläuche zugeleitet. Von der durch eine feste Rohrleitung a_3
zusammengeschlossenen Gasflaschenbatterie D wird über den Druckregler (Druckminderventil) b_3 und die Schlauchleitung c_3 das Brenngas
(Wasserstoff und Azetylen) dem Brenner zugeführt. Der Heizsauerstoff
gelangt aus der Batterie B über a_1, Druckminderer b_1 und Schlauch c_1,
der Schneidsauerstoff aus der Batterie C auf gleichem Weg über b_2 zum
Brenner. Fallweise können die beiden Sauerstoffbatterien B und C
zusammengefaßt werden und durch eine gemeinsame Leitung mit dem
Brenner in Verbindung stehen, woselbst die Mengen- bzw. Druckregelung

wie beim normalen Schneidbrenner durch Gabelung erfolgen kann. Ist
die Brennerbauart auf einen Preßluftmantel für die Wasserverdrängung
angewiesen, dann wird die Preßluft oder der Sauerstoff aus der Batterie
A über C, gegebenenfalls auch aus einer Druckluftleitung A_1 abgegeben.
Die Regelung aller Zuleitungen geschieht an den Ventilen d des Schneidgeräts E.

Im Unterschied hierzu veranschaulicht Bild 152 die Grundform einer
mit *Benzin* betriebenen Schneidanlage. Das im Stahlbehälter D befin-
liche Benzin wird durch aus der Stahlflasche C entnommenen und am
Druckminderer f auf 9 atü eingestellten *Stickstoff* durch einen benzin-
beständigen Brennstoffschlauch g zum Schneidbrenner E gedrückt, dort
vergast und mit dem aus der Batterie A kommenden Heizsauerstoff ge-
mischt und verbrannt. Aus derselben Batterie, die erfahrungsgemäß
aus mindestens 10 Flaschen bestehen muß, strömt auch der Schneid-

Bild 153. Anlage zum Unterwasserschneiden mit Benzol.

sauerstoff über eine Gabelung dem Brenner E zu, an dessen Ventilzwischenstück alle Betriebsstoffe an drei Regelventilen dosierbar sind.
Damit einer durch die große Gasentnahme schnell eintretenden Ver-
eisung des auf 15 atü eingeregelten gemeinsamen Druckminderventils d
vorgebeugt wird, wird der Sauerstoff vor dem Entspannen über eine im
Warmwasserbad B untergebrachte Rohrspirale b geleitet, deren äußere
Erwärmung z. B. durch eine Heizschlange c erfolgen kann.

Die photographische Wiedergabe einer vollständigen, nach dem gleichen Prinzip arbeitenden UW-Schneidanlage für *Benzol*betrieb bringt
Bild 153. Sie besteht aus einer Sauerstoffflaschenbatterie mit den verschiedenen Druckminderern und den dazugehörigen Schläuchen, einer
Sauerstoff-Vorwärmeeinrichtung (rechts), einem Benzolbehälter (links),
einer Flasche mit Stickstoff (weniger ratsam Preßluft) für die Benzol-
förderung zum Brenner und dem eigentlichen UW-Gerät. Die Vergasung des Benzols erfolgt im Brenner selbst durch eine elektrische Heiz-
spirale. Auch hier brennt die Flamme frei im Wasser ohne Schutzmantel.

Anwendung. Über den Anwendungsbereich und die Anwendungsmöglichkeiten des Unterwasserschneidens wurden eingangs bereits einige Ausführungen gemacht und es wurde betont, daß es zweckmäßig ist, erfahrene und geprüfte Taucher zu Brennschneidern auszubilden. Der umgekehrte Weg ist im allgemeinen wesentlich schwieriger, da der Taucher bestimmten Anforderungen an seinen körperlichen und gesundheitlichen Zustand entsprechen muß, was für den Nurschweißer oder -schneider nicht zutrifft.

In Bild 154 ist der Versuch gemacht, den Vorgang beim UW-Schneiden zeichnerisch darzustellen. *1* ist der Schneidbrennerkopf, an dessen mittleren Bohrung der Schneidsauerstoff *2* austritt und dessen Vorderteil auf die Oberfläche der genieteten Bleche *7* aufgesetzt wird. *3* ist die Vorwärmezone und *4* die bereits hergestellte Schnittfläche, deren Sauberkeit derjenigen beim Überwasserschneiden entstandenen nur wenig nachsteht. Das Erfordernis gleichmäßiger Schnittflächen ist auch nicht vorhanden, da es sich ja ausnahmslos

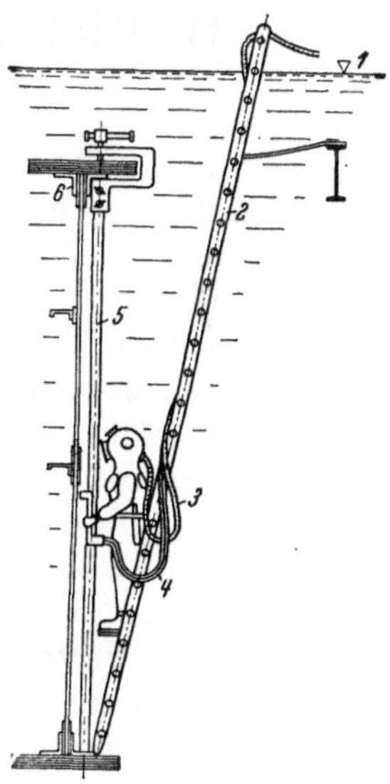

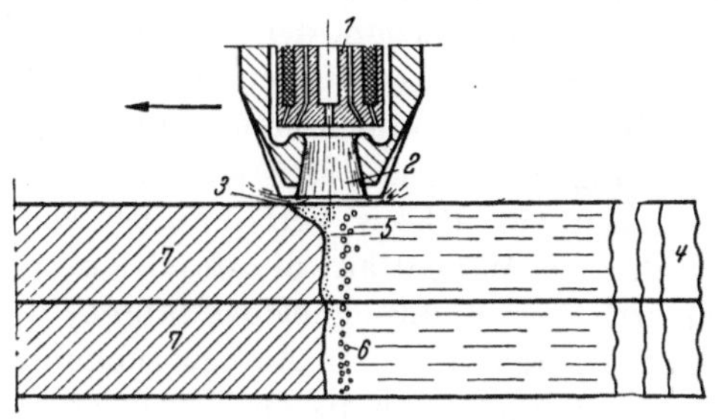

Bild 154. Vorgang beim Unterwasserschneiden.

Bild 155. Führungsvorrichtung beim UW-Schneiden.

um Demontage- und Verschrottungsarbeiten handelt. Der Pfeil deutet die Bewegungsrichtung des Schneidgeräts an. An der Schnittfläche *5* entlang befindet sich das verbrennende bzw. bereits verbrannte Eisen vor, d. h. in Schnittrichtung gesehen hinter diesem; bei *6* ist eine Dampfblasenkette angedeutet. Im übrigen bestehen grundsätzliche Unterschiede zwischen dem Schneiden unter Wasser und an der Luft nicht.

Besonders bei stehenden Stahlteilen ist es zweckmäßig, für den Taucher geeignete Vorrichtungen zu schaffen, die eine bessere Zugänglichkeit zum Werkstück gestatten und ihn im Transport der immerhin schweren Gewichte, die durch die langen Gummischläuche noch erhöht werden, zu entlasten. Bild 155 gibt ein Beispiel hierfür, und zwar eine von ihm selbst in der Praxis erprobte Führungs-Vorrichtung nach

ANDERS[1]. Eine bei geringeren Tauchtiefen über dem Wasserspiegel *1* endende, möglichst in ihrer Länge verstellbare, ggf. aus schwachwandigem Stahlrohr hergestellte Leiter *2* übernimmt die Last aller Schläuche, d. h. sowohl des Luftschlauchs *3* als auch der Schlauchleitungen *4* für das Schneidgerät. Die Leiter, die in ihrer Lage zum Werkstück veränderlich eingestellt werden kann, dient gleichzeitig als Standort für den Taucher, dessen Arbeit zudem durch eine am I-Träger *6* befestigte Halte- und Führungsstange *5* sehr merklich erleichtert wird.

H. Elektrisches Brennschneiden.

1. Allgemeines.

Das seit langem bekannte Schneiden mit dem Lichtbogen beruht auf der Werkstofftrennung durch Schmelzen ohne nennenswerte Oxydation der beteiligten Metallzonen. Es ist im Gegensatz zum Autogenschneiden rein physikalischer Natur. Als Wärmequelle benutzt man an Stelle der Gas-Sauerstoff-Flamme, was schon in der Bezeichnung des Verfahrens zum Ausdruck kommt, einen zwischen Werkstück und einer Stahl-, seltener Kohleelektrode unterhaltenen Lichtbogen, der mit wesentlich höheren Stromstärken arbeitet, als es beim Lichtbogenschweißen der Fall ist. Die Metallelektroden können nackt oder umhüllt und so beschaffen sein, daß aus der Umhüllung stammende, sauerstoffabgebende Stoffe den Schneidvorgang unterstützen. Dieses Verfahren ist wenig befriedigend; es haften ihm zahlreiche Mängel an, die durch ein vor einigen Jahren entwickeltes elektrisches Brennschneideverfahren, das sog. *Oxyarc-Verfahren* behoben und durch eine dem Autogenschneiden ähnliche Arbeitsweise verbessert worden ist. Von diesem Verfahren soll hier ausschließlich die Rede sein.

Neben einigen technischen Vorzügen bestehen, wie noch gezeigt werden soll, unverkennbar in der Eigenart des Verfahrens begründete technologische und deshalb schwerlich abstellbare Nachteile. Zudem hält das Oxyarc-Schneiden einem ernstlichen *wirtschaftlichen* Vergleich mit dem Gasbrennschneiden auch bei allem Wohlwollen für dieses Neuland nicht stand. Die immerhin weitgehenden Erwartungen, die man an dieses Verfahren glaubt knüpfen zu müssen, dürften nur in beschränkten Grenzen realisierbar sein, um so weniger, als ein Automatisieren des Schneidvorgangs kaum möglich sein dürfte. Auf Grund der derzeitigen Erfahrungen gehen die Ansichten der Praxis dahin, daß das Elektroschneiden viel weniger als ein für die Fertigung, als für Grobschnitte (Verschrotten) brauchbares Verfahren anzusehen ist.

---

[1] Persönliche Mitteilungen an den Verfasser.

2. Einrichtung.

Ausrüstung. Auf die elementarste Form gebracht, gehören zur Ausrüstung einer Oxyarc-Schneidanlage die im Bild 156 dargestellten Teile. A ist ein Schweißumspanner oder -umformer, dessen Kabel e mit der Klemme des Werkstücks D und durch Kabel d mit der Schweißzange B verbunden ist. b ist die Sonderelektrode, C die Sauerstoffflasche und a der Druckminderer. Der an diesen angeschlossene Gummischlauch ist zweiteilig derart, daß durch c_1 der Sauerstoff zunächst zu den Anschlußtüllen des Schutzschildhandgriffs g geleitet, hier über ein Absperrventil i geregelt und durch den Schlauch c_2 dem Schneidgerät B zugeführt wird. Demnach geschieht das Öffnen und Schließen des Schneidsauerstoffstrahls nicht am Elektrodenhalter B, sondern am Sperrholzschutzschild f, die Schaltung des elektrischen Stromes jedoch an der Zange B selbst. Bei einer zweiten, offenbar günstigeren Lösung sind Sauerstoffventil und Stromschalter an der Zange angeordnet.

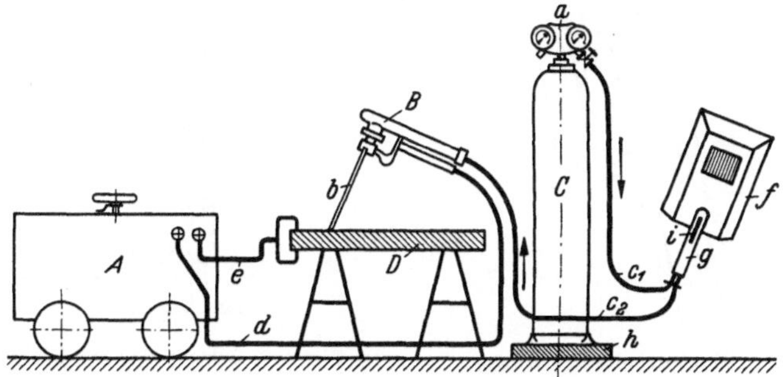

Bild 156. Schematische Darstellung einer Lichtbogen-Schneidanlage.

Stromquellen. Wie aus den weiter unten gebrachten Leistungstabellen entnommen werden kann, bedingen größere Elektroden und Schnittdicken, vornehmlich aber das Schneiden von Kupfer u. a., normalerweise nicht autogen schneidbaren dicken NE-Metallen Stromstärken von 800 Amp und darüber, so daß die gebräuchlichen Schweißaggregate normaler Leistung nicht ausreichend sind. Das bedeutet den Zusammenschluß mehrerer Einzelumformer gleicher Charakteristik oder den Einsatz von Maschinen besonders hoher Leistung. Der Lichtbogen kann sowohl mit Gleich- wie mit Wechselstrom betrieben werden, d. h. die Elektrode kann an dem Plus- und an dem Minus-Pol angeschlossen sein, ohne daß merkliche Unterschiede in der Arbeitsweise auftreten.

Elektrodenhalter. Eine Ausführungsform des Elektrodenhalters (Zange, Schneidzange, Schneidgerät) zeigt Bild 157. Dem aus Messing oder Bronze bestehenden Gerät 2 wird der Strom durch Kabel 6 zugeleitet. Über einen Kniehebel 5, der das Einspannen der Elektrode 3

im Kopf *9* und das Stromschalten zu besorgen hat, wird die Zange bedient. Der durch den Schlauch *7* zugeführte Sauerstoff wird bei *9* in die Hohlelektrode *3* geschickt. Das Abdichten des Sauerstoffkanals in *9* gegen das Äußere wie gegen die Elektrodenwand geschieht durch einen auswechselbaren Gummiringpuffer. Da beim Lichtbogenschneiden ein recht reichliches Funkensprühen und Fortschleudern geschmolzenen und verbrannten Werkstoffs (Abbrand) nach allen Richtungen hin auftritt und das Verschlacken des hierdurch versagenden Einspannkopfes *9* (*1*) unvermeidlich würde, wird beim Schneiden in waagerechter, mehr noch bei Überkopflage ein nach vorn winkliges Schild *4* angebracht, das dem Schutze der Zange und des Arbeiters dient. Es ist bei *8* am Halter angeklemmt und leicht schwenkbar.

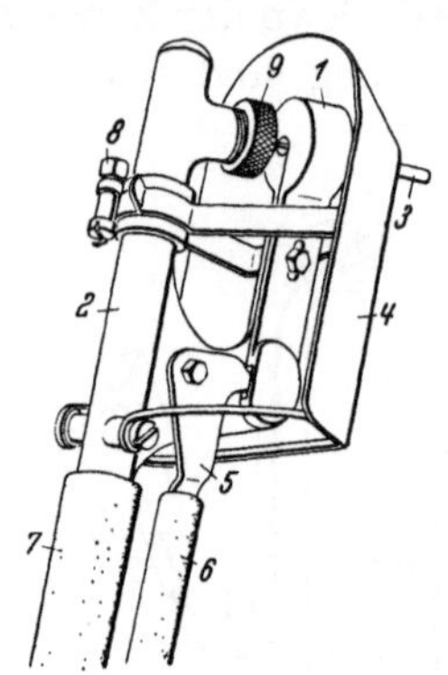

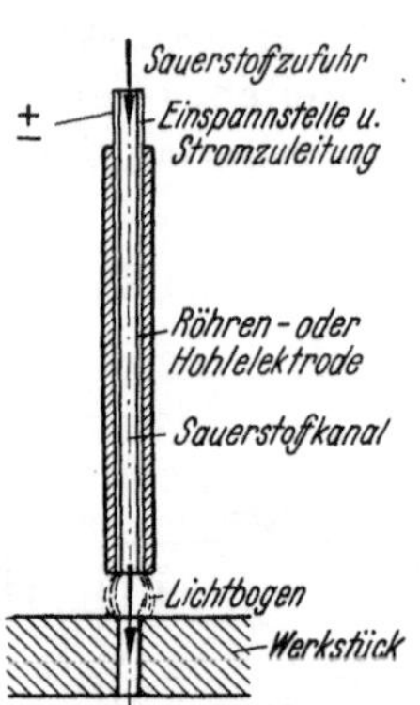

Bild 157. Elektrodenhalter (Zange).   Bild 158. Schema der Hohlelektrode.

Sauerstoffarmatur. Als Sauerstoffflasche (Bild 156 C) wird die beim Schweißen und Schneiden übliche 40 l-Flasche oder es wird eine Batterie solcher Flaschen verwendet, an die ein normaler, mit zwei Manometern ausgestatteter Druckminderer *a* angeschlossen ist, dessen Schläuche mit den entsprechenden Geräteteilen verbunden sind.

Um einen durch falsche Hantierung bewirkten, etwaigen Kontakt und Lichtbogenbildung zwischen Zange und Stahlflasche zu unterbinden, muß die Sauerstoffflasche auf ein trockenes Holzbrett *h* (Bild 156) gestellt werden. Die Flaschenbefestigung durch Sicherheitsketten oder Eisenschellen ist unstatthaft. Beide sind, um eine zulängliche *Isolation* sicherzustellen, durch Seile oder Riemen zu ersetzen. Mit anderen Worten, es ist darauf zu achten, daß die Flasche sowohl gegen den Fußboden wie gegen alle metallischen Teile gut elektrisch isoliert wird, wie die Erdung für das Stromaggregat eine selbstverständliche Voraussetzung ist.

Schneid-Elektroden. Aus dem Geschilderten geht hervor, daß beim Oxyarc-Verfahren nur *Hohlelektroden* Verwendung finden können. Sie werden als ummantelte Elektroden mit 5 und 7 mm Rohraußendurch-

messer geliefert, die auf Grund der Abdichtung im Zangenkopf in zwei
verschiedenen Zangen abgeschmolzen werden müssen, d. h. für jeden
Elektrodendurchmesser ist eine besondere Zange notwendig. 6 und 8 mm
dicke Elektroden sind weniger üblich. Der Durchmesser, bzw. die lichte
Weite der dickummantelten Elektroden richtet sich nach der Schnittdicke, d. h. nach der Größe des erforderlichen Sauerstoffdurchgangs.
Bild 158 zeigt den Längsschnitt durch eine solche Hohl- oder Röhren-
elektrode. Für Unterwasser-Schneidarbeiten müssen die Elektroden mit
einem Schellacküberzug versehen sein. Die lichten Weiten der Elektroden für den Sauerstoffdurchgang sind folgende:

$$5 \text{ mm Außendurchmesser} = 1{,}5 \text{ mm}$$
$$6 \text{ ,,} \qquad\qquad \text{,,} \qquad = 2{,}0 \text{ ,,}$$
$$8 \text{ ,,} \qquad\qquad \text{,,} \qquad = 2{,}5 \text{ ,,}$$

3. Arbeitsweise.

Zunächst ist herauszustellen, daß sich die Arbeitsweise des elektrischen Schneidens von der des Gasbrennschneidens grundsätzlich dadurch unterscheidet, daß beim erstgenannten Verfahren der Schneidstrahl nicht recht-, sondern *spitzwinklig* zur Werkstückoberfläche und

Schnittrichtung gehalten wird, wie
dies in Bild 159 skizziert ist. Die Zündung des Lichtbogens erfolgt zwar,
wie beim Schweißen üblich, durch
Auftupfen der Elektrode auf das
Werkstück, wie bei *a* angedeutet, aber
auch hier schon unter einer Neigung
von angenähert 60°, und zwar stets
bei *geschlossenem Sauerstoffventil*. Mit
derselben Winkelstellung wird die
Elektrode nach Öffnen des Sauer-
stoffventils und nach erfolgtem An-

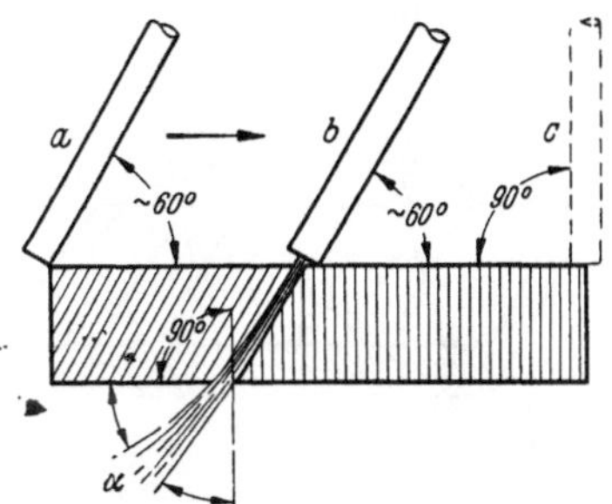

Bild 159. Zünd- und Schneidstellung der
Elektrode.

schnitt, wie *b* zeigt, weiter bewegt, um gegen Schnittende in die senkrechte
Lage *c* gebracht zu werden, damit der gesamte Querschnitt, vor allem
bei dicken Werkstücken restlos erfaßt werden kann. Während des Schneidens bleibt die Elektrode in ständiger Berührung mit dem Werkstück;
sie gleitet auf ihm entlang. Vor- und Rückwärtsbewegungen sind falsch.
Als Merkmal für den richtigen Brennervorschub, d. h. für die optimale
Schnittgeschwindigkeit ist der mittlere Winkel *a* des Abbrandbüschels an
der Werkstückunterseite anzusehen, der den rechten Winkel *b* angenähert
drittelt. In der photographischen Aufnahme, Bild 160, ist diese Winkelstellung des Abbrandbüschels deutlich zu erkennen. Dabei handelt es
sich um den Senkrechtschnitt an einem 50 mm dicken Stahlblech mit

einer 7 mm-Elektrode, die in einer mit Schutzschild (Bild 157) versehenen Zange eingespannt ist.

Druckeinstellung für den Sauerstoff, der Verbrauch an diesem und an elektrischem Strom sind aus den folgenden Leistungstabellen zu ersehen.

Bild 160. Senkrechtschneiden mit dem **Oxyarc-Gerät**.

Zur Verbesserung des Aussehens der Schnittfugen empfiehlt es sich bei Gerad- und Schrägschnitten, die Elektrodenspitze an einer auf dem Werkstück befestigten *Führungsschiene* entlang zu ziehen. Für Gerad-

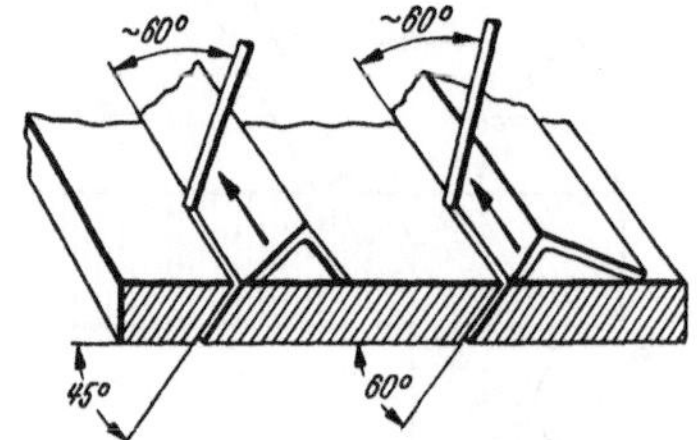

Bild 161. Schrägschnitte.

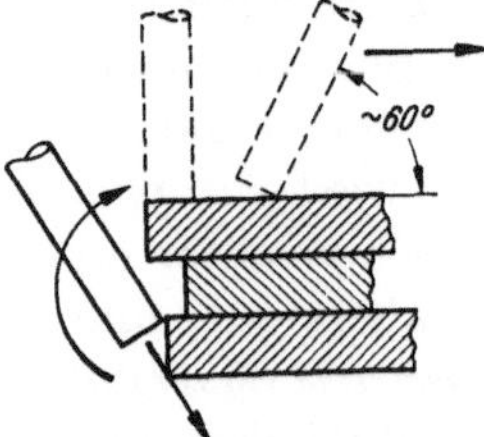

Bild 162. Schneiden von Blechstapeln.

schnitte kann eine vorzugsweise aus Kupfer bestehende Flachschiene benutzt, während bei Schrägschnitten Winkelprofile im Sinne des Bildes 161 bevorzugt werden. Beim Trennen von *Blechstapeln* gelten die weiter vorn aufgezählten Bedingungen. An ungleich langen geschichteten Blechen beginnt man den Schnitt nicht am oberen, sondern entsprechend Bild 162 am unteren Blechrand.

4. Anwendung.

Es unterliegt keinem Zweifel, daß, soweit es die Fertigung anbelangt, das elektrische Schneiden mit dem klassischen Brennschneiden einen ernstlichen Wettbewerb nicht antreten kann, da vergleichsweise weder

die Maßgenauigkeit, besonders des maschinell ausgeführten Autogen-
schnitts, noch dessen Sauberkeit erreichbar sind, wie dies beispielsweise
in der in Bild 163 wiedergegebenen Gruppe im Paket geschnittener Stahlbleche eine Bestätigung findet. Nach diesem Verfahren geschnittene
Werkstücke bedürfen, sollen sie der Fertigung dienen, ausnahmslos einer
mechanischen Nachbearbeitung. Das ist bei rein sachlicher Überlegung
schon deshalb nicht anders zu erwarten, weil breitere und wegen des
ständigen Elektrodenabbrands und freihändig geführten Gerätes unsaubere Schnittfugen unausbleiblich sind. Denkt man ferner daran,
welche Sorgfalt der richtigen Schneiddüsenbohrung eines normalen
Schneidbrenners zugewandt werden muß, die hier naturgemäß entfällt,
dann ist auch das schlechte, furchige Aussehen der Schnittflächen leicht
zu verstehen.

Als für die Fertigung einsetzbares Verfahren fallen dem Oxyarc-
Schneiden nur wenig Anwendungsmöglichkeiten zu; z. B. das Lochboh-

Bild 163. Im Paket geschnittene Blechtafeln.

ren in dicke Werkstücke und das Rillenschneiden wie beim Fugenhobeln.
Hingegen kann es in vielen Fällen als ein recht brauchbares Verfahren
für Demontage- und Verschrottungszwecke bezeichnet werden, zudem
für das Trennen von Stahlkonstruktionen, Kesseln, Spundwänden,
dicken Wellen, für das Abschneiden von Gußtrichtern an Stahl- und
Graugußkörpern, das Zerlegen schwerer Gußteile ganz allgemein, insbesondere aber für das Abbrennen von Nietköpfen.

Gegenüber dem normalen Brennschneiden besitzt es den Vorzug,
auch hochlegierte Stähle, Kupfer, Aluminium und andere Werkstoffe
trennen zu können, wiederum sofern Schnittgenauigkeit und Maßhaltigkeit nicht gefordert werden. Es wäre zu wünschen, daß das elektrische Schneiden gerade in dieser Richtung eine weitere Entwicklung
erfährt, um seine Vorteile mit den überlegenen des alten Brennschneidens zum Nutzen der metallverarbeitenden Fertigung vereinigen zu
können. Metallographische Untersuchungsergebnisse und Gefügebilder
der Randzonen elektrisch geschnittener Stücke sind bisher leider nicht
bekannt geworden.

5. Leistungsdaten.

Die in den folgenden Tabellen angeführten Daten über Schnittleistungen und über den Verbrauch an Elektroden und Sauerstoff dür-

fen nur als roh angenäherte Richtwerte gelten, die recht erheblichen
Schwankungen unterworfen sein können und durch zahlreiche Faktoren beeinflußt werden. Die Schnittleistung liegt trotz der großen
Wärmeentwicklung des Lichtbogens und seiner hohen Durchschlags-
kraft zwar nicht so hoch wie beim normalen Brennschneiden, doch kann
hierdurch das Vorwärmen an der Anschnittstelle entfallen. Da das
schlechte Schnittaussehen mit dem des Gasbrennschneidens nicht verglichen werden darf, ist es auch in dieser Beziehung schwierig, die beiden
Verfahren gegenseitig abzuwägen.

Die obere Grenze der Schneidbarkeit von Stahl liegt bei 100 mm.
Bei Verwendung von Wechselstrom und eines Hochfrequenz-Zündgerätes
kann die Schnittdicke notfalls auf 180 mm gebracht werden.

Unter Zugrundelegen der beiden meistbenutzten 5 und 7 mm-Hohl-
elektroden (Rohraußendurchmesser ohne Umhüllung) sind im oberen

Tabelle 15.　Schnittleistung beim Oxyarc-Verfahren[1].

Elektroden-durchmesser mm	Blech- bzw. Werkstoff-dicke mm	Stromstärke Amp	Sauerstoff-druck atü	Schnitt-geschwin-digkeit m/h	Sauerstoff-verbrauch l/m	Schnittlänge je Elektrode mm
	Schnitte an normalen Flußstählen					
	2	225	3,5	220	20	1750
	3	250	4,0	150	30	1500
	4	270	4,0	110	40	1200
	5	315	4,5	80	50	750
5	10	110	4,5	55	60	1100
	15	125	5,5	45	85	900
	20	140	6,5	37	115	700
	30	125	5,0	33	250	700
	40	140	6,0	23	340	500
	30	200	5,0	30	320	665
	40	240	5,5	25	430	500
7	50	280	6,0	19	500	400
	80	350	6,0	14,5	900	240
	100	430	7,0	13,5	1600	200
	Schnitte an Chrom-Nickel-Stählen					
	3	210	1,5	52	62	750
	4	260	bis	36	110	450
5	10	320	2,5	26	180	280
	20	220 ⎫		12	400	125
	40	220 ⎬	2,5	4,2	800	60
	60	220 ⎭		2,4	1200	40
	80	300 ⎫		3,6	3200	45
7	100	100 ⎬	3,5	2,7	4000	35
	120	300 ⎭		1,8	4800	30

[1] Nach Versuchsergebnissen von Arcos.

Teile der Tab. 15 Schnitte an normalen Flußstählen und im unteren Teile an Chrom–Nickel-Stählen aufgeführt. Die Werte beziehen sich auf durch Rost, Glühspan, Farbanstrich u. a. nicht verunreinigte Werkstücke.

Für das Verfahren günstig sind das Durchstechen, d. h. das Löcherbohr n und das Nietkopfabschneiden, worüber die Tab. 16 und 17 Auskunft geben. Um Zweifel vorzubeugen, ist ausdrücklich hervorzuheben, daß alle Schnitte, gleichgültig an welchen Metallen oder Legierungen sie ausgeführt werden, mit denselben *Stahlelektroden* durchgeführt werden. Beim Lochbohren ergibt die 5 mm-Elektrode ein n Lochdurchmesser von 5—7 mm, die 7 mm-Elektrode einen solchen von etwa 14 mm. Die Leistungsziffern für das Durchstechen sind in Tab. 16 zusammengefaßt.

Tabelle 16. Durchstechen von Stahlplatten.

Elektroden-durchmesser mm	Stahldicke mm	Strom-stärke Amp	Sauerstoff-druck atü	Schneidzeit s	Sauerstoff-verbrauch l	Elektroden-verbrauch mm
	5	110	3	1	2	5
	10	110	4	1	3	7
5	20	125	5	1,5	5	10
	30	140	5	2	7	15
	50	160	6	3	10	25
	60	160	6	3	13	35
	80	180	7	4	21	65
7	100	180	7	5	28	100
	150	200	8	8	46	170
	200	220	8	18	110	360

Tabelle 17. Nietkopfabbrennen.

Elektroden-durchmesser mm	Nietdurch-messer mm	Strom-stärke Amp	Sauerstoff-druck atü	Zeit je Elektrode min	Sauerstoff-verbrauch je Elektrode l im Mittel	Anzahl Nieten je Elektrode
	8—10	170	1	5—6	100	60—70
	12—14	190	1,5	3—4	120	26—33
7	16—18	200	1,5	3—4	150	19—26
	20—22	220	2	5—6	280	16—19
	25	220	2	6—7	340	10—15

Mittelwerte für das Schneiden von Kupfer, Messing und Aluminium sind aus Tab. 18 ersichtlich.

Tabelle 18. Schnitte an NE-Metallen[1].

Elektroden-Durchmesser mm	Werkstoff-dicke mm	Strom-stärke Amp	Sauerstoff-druck atü	Sauerstoff-verbrauch l/m	Schnitt-geschwindigkeit m/h	Schnittlänge je Elektrode mm
		1. Schnitte an Kupferblechen				
5	3	240	2,5	80	43	600
	5	300	3,0	125	33	360
7	8	450	3,0	260	22	360
	10	500	3,0	325	15	280
	15	580	3,5	500	12	190
	25	660	3,5	1200	9	110
		2. Schnitte an Messingblechen				
5	3	210	2,5	68	48	600
	7	260	2,5	120	29	360
	10	320	3,0	200	21	230
	20	300	2,0	250	6	110
	40	300	2,0	500	3	55
	60	300	2,0	750	2	35
7	80	430	0,8	1000	1,5	30
	100	480	0,8	1300	1,2	25
	120	550	1,0	1600	1,0	20
		3. Schnitte an Aluminiumblechen				
5	5	190	1,5	110	—	400
	10	220	2,5	165	—	300
	25	260	2,5	250	—	200

6. Unterwasserschneiden.

Es war naheliegend, das elektrische Schneidverfahren auch für Arbeiten unter Wasser anzuwenden und das Schneidgerät, d. i. die Elektrodenzange, in ihren stromführenden Teilen durch geeignete Stoffe zu isolieren, wie es schon vordem beim elektrischen Unterwasser-Schweißen der Fall war. Wurde ohne Sauerstoffzufuhr, also nach dem älteren elektrischen Schneidverfahren, d. h. nur mit dem Lichtbogen getrennt, dann be-

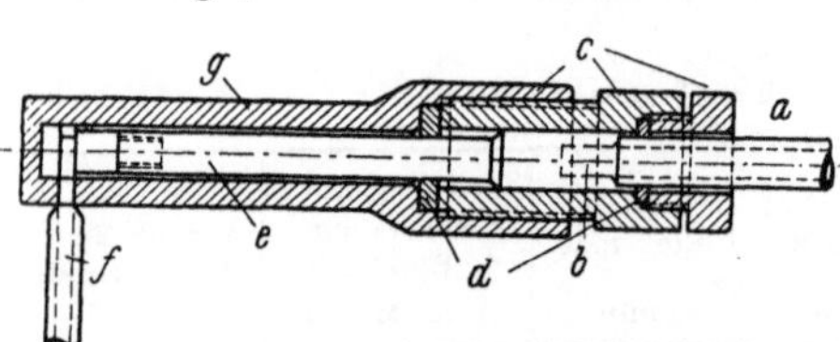

Bild 164. Elektrodenhalter für elektrisches UW-Schneiden (ohne Sauerstoff).

nutzte man die auch zum Schweißen geeignete Zange des Bildes 164, eine von der ehemaligen Werft Wilhemshaven entwickelte Konstruktion. Das in das Zangengehäuse g eingeführte Stromkabel a ist bei b verlötet und gegen alle nicht stromführenden Teile gut isoliert. Alle Isolationsteile c bestehen aus Hartgummi, d sind die Dichtungen,

---

[1] Nach Leistungsangaben von Arcos.

e ist die Stromzuführung und *f* die Elektrode. Durch Drehen des Halters wird der Strom unterbrochen, der Elektrodenrest kann entfernt und gegen eine neue Elektrode ausgetauscht werden.

Wird mit Sauerstoff, z. B. nach dem Oxyarc-Verfahren mit der Hohlelektrode geschnitten, dann ist auch hier eine Isolation durch einen Oberflächenüberzug erforderlich.

Der in Bild 165 veranschaulichte Elektrodenhalter ist mit einem Hebelventil *a* für die Regelung des Schneidsauerstoffs ausgerüstet, der durch den Schlauch *b* zugeleitet wird. *c* ist das stromführende Kabel und *d* das Spannfutter für die Eektrode *e*. Auch das Ventil *a* muß gegen den Stromkreis isoliert sein. Der

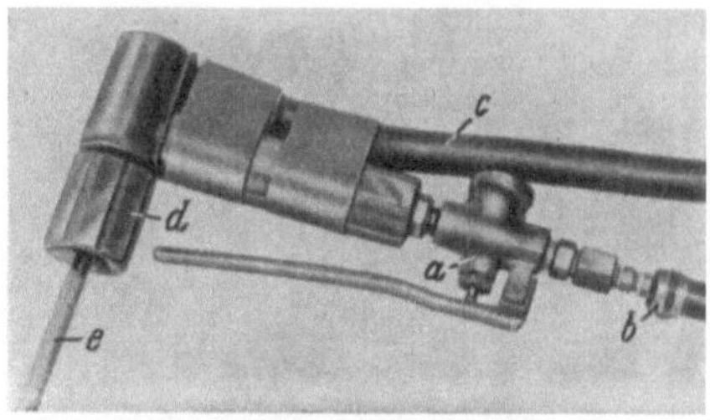

Bild 165. Elektrodenhalter für elektrisches UW-Schneiden mit Sauerstoff.

Elektrodenwechsel darf nur nach Stromunterbrechung vorgenommen werden.

Das Unterwasserschneiden erfordert eine große Beständigkeit des Lichtbogens, die nur mit besonderen Arten dickummantelter Elektroden erreicht werden kann. Die Ummantelung muß gegen die auflösenden

Bild 166. Elektro-Unterwasserschweiß- und -schneidanlage.

Wirkungen des Wassers völlig unempfindlich sein, weshalb ein nichtleitender seewasserbeständiger Lacküberzug aufgebracht werden muß. Dieser kann z. B. aus Schellack oder anderen Kohlenwasserstoffverbindungen bestehen. Die Elektroden werden an den Minuspol der Anlage angeschlossen.

Eine vollständige elektrische UW-Schneid- (und Schweiß-)Anlage für das Arbeiten ohne Sauerstoff veranschaulicht Bild 166. *a* ist der elektrische Umformer, *b* sind die Schweiß-, besser Stromkabel, *c* ist der Elektrodenhalter, *d* der isolierte Taucherhelm, *e* der Luftschlauch, *f* die Luftpumpe und *g* die Telefonanlage zwischen Taucher und Bedienungsmannschaft. Um zufällige Berührungen des Tauchers mit den stromführenden Teilen auszuschließen, sind metallisch blanke Stellen der Taucherausrüstung durch gut isolierende Überzüge zu schützen.

Bild 167 veranschaulicht eine UW-Versuchsanlage mit einem Tauchertank und zwei parallelgeschalteten Gleichstrom-Schweißumformern. Aus sicherheitstechnischen Gründen ist die Verwendung von Wechselstrom unzuläßig. Die für diesen Zweck meist 8 mm dicke Hohlelektrode hat eine Bohrung von 3,5 mm und wird am Minuspol verarbeitet.

Bild 167. UW-Versuchsanlage.

Auf eine hohe Belastbarkeit der Maschine und der Elektroden ist besonders zu achten. Von den für das UW-Schneiden entwickelten Elektroden wird die hohe Strombelastbarkeit gut aufgenommen. Im Regelfalle können die Elektroden bis 900 Amp belastet werden. Bei 38 bis 45 V sind für Schneidarbeiten an Stahlblechen bis 20 mm Dicke, Stromstärken von 450 Amp und an Blechen bis 40 mm Dicke bis zu 900 Amp erforderlich. Mit anderen Worten sind Schweißumformer normaler Leistung nicht ausreichend, vielmehr müssen mehrere Maschinen gleicher Charakteristik zusammengeschaltet oder Einzelmaschinen entsprechender Leistung verwendet werden.

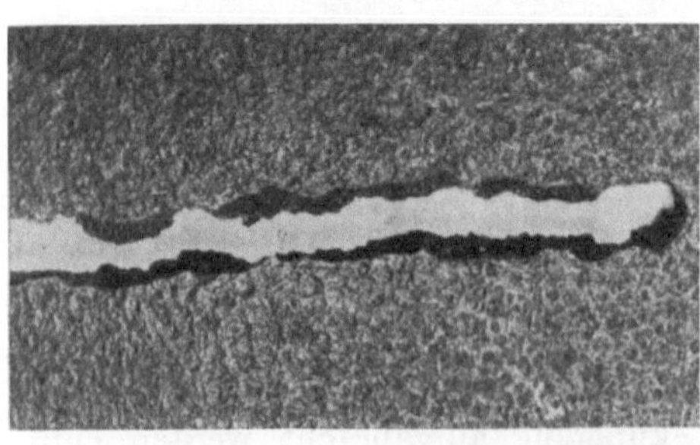

Bild 168. Unterwasserschnitt an 30-mm-Stahlblech.

Einschließlich der Einspannzeiten für die Elektroden sind folgende *Leistungsdaten* für das UW-Schneiden mit normalen Elektroden (ohne Sauerstoffzufuhr) als erreichbar anzusehen: Bei 5 mm-Blechen eine Schneidzeit von 5—10 min/m (6—12 m/h), bei 10 mm 15 min/m (4 m/h) und bei 20 mm-Blechen 30—35 min/m 2 m/h).

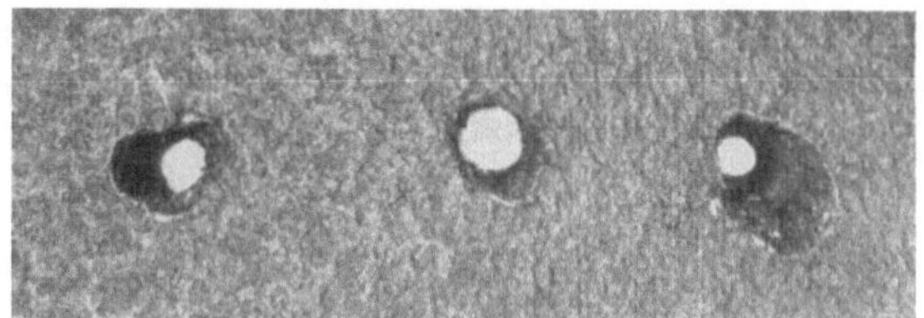

Bild 169. Löcherdurchstechen in 30-mm-Stahlblech mit UW-Brenner.

Nach dem Oxyarc-Verfahren liegen die Leistungswerte erheblich höher, wie aus Tab. 19 zu ersehen ist.

Tabelle 19. Leistungsdaten beim UW-Schneiden.

Blechdicke in mm	Stromstärke Amp	Sauerstoff- druck atü	Schnittlänge in mm je Elektrode	Sauerstoff- verbrauch l/m Schnitt	Schnitt- geschwindig- keit m/h
10	300	3	500	180	20—25
20	350	3,5	350	225	15—20
30	400	4	280	300	10—15
40	400	4	200	400	5—10

Das *Aussehen* eines Unterwasserschnittes an einem 30 mm-Stahlblech (nach dem Arcosverfahren) zeigt Bild 168. Ebenso sind die 3 Löcher des Bildes 169 in ein 30 mm dickes Blech gebrannt worden, eine Anwendungsmöglichkeit, die nach diesem Verfahren be-

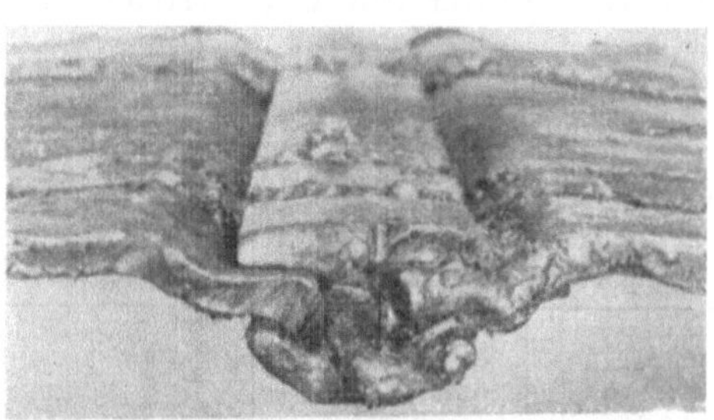

Bild 170. Unter Wasser geschnittenes Schloß einer Krupp-Spundwand.

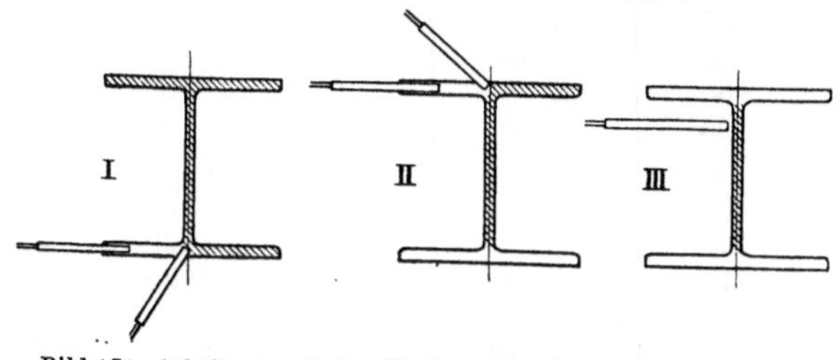

Bild 171. Arbeitsgang beim Unterwasserschneiden eines Trägers.

sonders günstig ist. Das Aussehen eines nach dem gleichen Verfahren unter Wasser geschnittenen Schlosses einer Krupp-Spundwand veranschaulicht Bild 170.

Aus Bild 171 ist der praktische Arbeitsgang beim Trennen eines I-Trägers unter Wasser zu ersehen, und zwar zeigt I das Trennen des Untergurtes, II das Trennen des Obergurtes und III das Abbrennen des Steges.

J. Schnittleistungen, Gasverbrauch, Wirtschaftlichkeit.

1. Normalschnitte.

Die folgenden Betrachtungen beziehen sich ausschließlich auf *Autogenschnitte* und zunächst auf unter normalen Bedingungen in waagerechter Lage ausgeführte Handschnitte an gewöhnlichen *Kohlenstoffstählen*. Oft recht erhebliche Differenzen in den im Schrifttum und von Fachfirmen veröffentlichten Schneidtabellendaten sind in der Mehrzahl auf unterschiedliche Arbeitsbedingungen zurückzuführen. Mit nach oben oder nach unten abweichenden Sauerstoffdrücken und ohne Rücksicht auf optimale Schnittgeschwindigkeiten noch auf die Sauberkeit der Schnittflächen sind in den Schneidzeiten und unmittelbar hiervon abhängig in den Gasverbrauchsziffern wesentliche Schwankungen verständlich. Bezogen auf saubere *Fertigungs-* und *Maßschnitte* können die in den folgenden Tabellen und Diagrammen gemachten Angaben als brauchbare, d. h. in der Praxis gut erreichbare Durchschnittswerte angesehen werden.

Tabelle 20. Leistungswerte bei

Werkstoff-dicke in	Schnitt-geschwindigkeit in	Düsenabstand in	Sauerstoff-druck in	Verbrauch an a) Sauerstoff	
mm	mm/min	mm	atü	l/h	l/m
3	300—335	2—3	1,5	1 100	61—55
5	280—315	2—3	2,5	1 300	78—69
10	260—300	2—3	2,5	1 700	110—95
15	240—280	2—4	2,5	2 100	145—125
20	220—265	2—4	2,5	2 500	190—160
30	195—240	3—5	3,5	3 500	300—245
50	160—200	3—5	5,0	5 400	560—450
75	135—160	3—5	6,5	7 200	860—700
100	120—140	4—6	6,5	10 200	1420—1135
150	95—135	4—6	7,5	13 300	2360—1750
180	90—120	5—8	8,5	18 200	3370—2530
200	80—115	6—9	8,5	20 200	4200—2930
250	65—100	7—10	9,0	24 000	5800—3900
300	60—95	8—12	10,0	30 000	8350—5260

Die Wirtschaftlichkeit des Brennschneidens ist weniger eine Frage des Zeitaufwands als eine solche des Gasverbrauchs. Das technische Erfordernis, möglichst schnell zu schneiden, also die Schnittgeschwindigkeit unter sonst gleichen Voraussetzungen möglichst zu erhöhen, deckt sich zwar mit den Forderungen der Wirtschaftlichkeit, doch spielt die damit verbundene geringe Lohnersparnis praktisch nur eine untergeordnete Rolle, da die auf die reinen Schneidzeiten entfallenden Lohnanteile im Verhältnis zum Aufwand an Gasen, insbesondere an Sauerstoff die Gesamtkosten nur wenig beeinflussen, und zwar um so weniger, je mehr die Schnittdicke anwächst.

In Tab. 20 sind die für einen Schnittdickenbereich von 3—300 mm geltenden Leistungs- und Verbrauchsziffern zusammengestellt. Die Schnittgeschwindigkeiten sind in Millimeter je Minute, der Düsenabstand in Millimeter und die Sauerstoffdrücke in atü angegeben. In den Kolumnen *a—d* ist der Verbrauch an Sauerstoff und an Heizgasen jeweils in Litern je Stunde Schneidzeit, bzw. in Litern je Meter Schnittlänge eingetragen. Die Gegenüberstellung der Verbrauchsziffern für die Heizgase ermöglicht einen Vergleich, der zugunsten des Azetylens ausfällt, das in geringeren Mengen benötigt wird, während Leuchtgas und noch mehr Wasserstoff entsprechend den früheren Ausführungen in bedeutend größeren Mengen erforderlich sind. Man kann annehmen, daß der Bedarf an Leuchtgas das 2,5fache, der an Wasserstoff das 4fache dessen des Azetylens ausmacht.

Überträgt man diese tabellarischen Werte wegen der besseren Übersicht kurvenmäßig in ein Koordinatensystem, dann ergibt sich das

Handschnitten an Stahlblechen.

Heizgas und Sauerstoff					
b) Azetylen		c) Wasserstoff		d) Leuchtgas	
l/h	l/m	l/h	l/m	l/h	l/m
125	7—6	500	28—25	385	21—19
170	10—9	680	40—35	530	31—28
260	17—14	1050	67—60	810	52—45
350	24—21	1400	97—85	1080	75—65
400	30—25	1600	120—100	1250	93—80
500	43—35	2000	170—140	1550	133—110
650	68—54	2600	270—220	2010	210—168
780	95—80	3100	380—320	2450	310—250
880	122—100	3550	490—390	2730	380—300
1000	170—130	4100	700—510	3150	530—400
1100	200—150	4350	800—600	3350	620—470
1150	235—170	4500	935—650	3470	725—500
1200	270—180	4900	1200—850	3750	900—610
1270	360—230	5100	1450—900	3950	1100—690

Schaubild 172, in welchem die Blechdicken von 10—100 mm auf der Abszisse und die Verbrauchsziffern in l/m Schnitt als Ordinaten eingezeichnet sind. Im Schaubild sind außerdem die Schneidzeiten in einem Kurvenzug eingetragen, dessen Ordinatenwerte der Deutlichkeit halber eine gegenläufige Zahlenleiste (rechts) aufweist.

Die in einem Großbetriebe laufend überprüften Leistungs- und Verbrauchswerte für Schneidarbeiten an 2—250 mm dickem Werkstoff

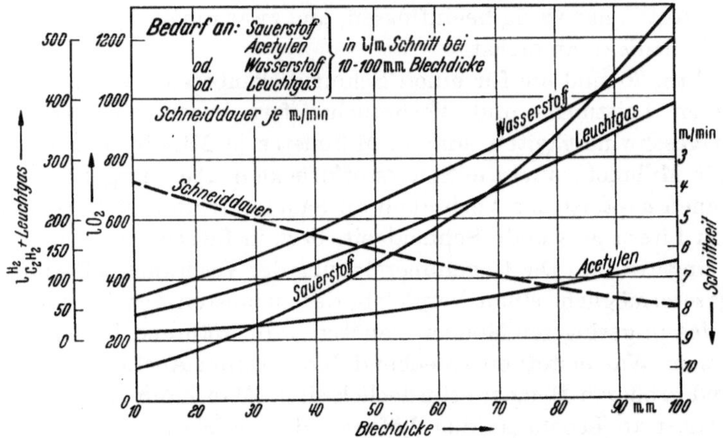

Bild 172. Gasverbrauch beim Schneiden von Stahlblechen von 10—100 mm Dicke.

sind in Tab. 21 zusammengefaßt. Als Heizgas wurde Leuchtgas verwendet. Der Verbrauch an diesem liegt, verglichen mit den Zahlen in Tab. 20, bei Schnittdicken bis zu 20 mm etwas höher und oberhalb davon etwas niedriger. Die Durchschnittswerte, auch für den Sauerstoffbedarf, sind dieselben.

Tabelle 21. Leistungswerte bei Handschnitten (Leuchtgas).

Blechdicke	Schnittge- schwindigkeit	Sauerstoff- verbrauch	Leuchtgas- verbrauch
mm	m/h	l/m	l/m
2	25	50	35
5	23	65	50
10	18	115	85
15	16	175	105
20	14,5	260	125
30	11,5	380	200
50	9,0	725	245
80	7,8	1250	295
100	7,3	1525	345
150	6,2	2350	450
250	4,3	3750	700

Für Werkstoffdicken von 300—600 mm sind die Schnittleistungen und der Verbrauch an Sauerstoff und Heizgas (Azetylen und Wasserstoff) in Tabelle 22 aufgestellt. Unter Hinzufügung des Leuchtgas-

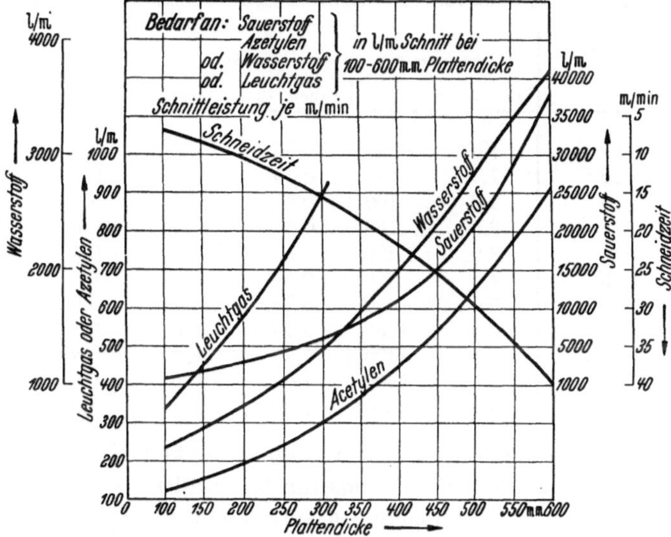

Bild 173. Gasverbrauch beim Schneiden von Stahlplatten von 100—600 mm Dicke.

verbrauchs (bis 300 mm Schnittdicke), graphisch veranschaulicht, sind die Werte an den Kurvenästen des Schaubildes 173 ablesbar.

Tabelle 22. Leistungswerte bei Handschnitten an dicken Stahlplatten (Azetylen oder Wasserstoff).

| Werkstoff-dicke | Schnitt-dauer | Sauerstoffdrücke | | Verbrauch an Heizgas u. Sauerstoff | | |
| | | in Heiz-düse | in Schneiddüse | Sauerstoff | Azetylen | Wasserstoff |
mm	m/min	atü	atü	l/m	l/m	l/m
300	16	3	12	5 800	300	1300
350	19	4	12—15	8 000	380	1750
400	22	4	12—15	11 200	460	2000
450	26	5	15—18	15 500	550	2400
500	30	5	15—18	21 600	650	2800
550	35	6	18—22	29 500	—	3300
600	40	6	18—22	38 600	—	3800

Auch die in einem anderen Werk ermittelten und aus Tab. 23 ersichtlichen Leistungsdaten an Werkstoffdicken von 2—250 mm stimmen in bezug auf den Sauerstoff- und Azetylenbedarf mit dem Vorigen gut überein, weichen aber oberhalb 50 mm Blechdicke hinsichtlich des

Wasserstoffverbrauchs von den früher genannten besseren Daten z. T. erheblich ab.

Tabelle 23. Gasverbrauch bei Handschnitten (Azetylen oder Wasserstoff).

| Blech-dicke | Schnitt-geschwin-digkeit | Gasverbrauch | | | | | |
| | | Sauerstoff | | Azetylen | | Wasserstoff | |
mm	m/h	Druck atü	l/m	Druck atü	l/m	Druck atü	l/m
2	28	1,3	45	0,35	8	0,4	22
5	26	1,5	60	0,45	10	0,5	28
10	20	2,0	100	0,50	18	0,5	45
15	18	2,5	160	0,50	24	0,5	60
20	15	3,0	220	0,50	28	0,5	75
30	13	4,5	320	0,50	45	0,5	110
50	10	5,0	650	0,60	75	0,6	190
80	8,5	6,0	1150	0,70	110	0,7	270
100	7,5	6,5	1400	0,80	130	0,8	335
150	6,5	7,0	2200	1,00	160	0,8	400
250	5,5	10,0	3500	1,00	204	1,0	500

Infolge der meist höheren Schnittgeschwindigkeit maschinell bewegter Brenner können bei Maschinenschnitten um 10—30 % günstigere Zeitwerte und demnach geringere Gasverbräuche erzielt werden. In Tab. 24 sind die Verbrauchs- und Leistungszahlen beim Arbeiten mit dem Handschneidmotor (Secator) an 5—100 mm dicken Blechen zusammengestellt. Die Vorschubgeschwindigkeiten beim Schneiden mit der im Bild 42 gezeigten, in sechs Stufen regelbaren Microsec-Maschine sind Tab. 25 zu entnehmen.

Tabelle 24. Verbrauchs- und Leistungszahlen beim Arbeiten mit Handschneidmotor.

| Werk-stoff-dicke | Schnitt-geschwin-digkeit | Schneid-Düse | Azet.-Heiz-Düse | Sauerstoff- und Gasverbrauch | | | | | |
| | | | | Schneidsauerstoff | | Heizsauerstoff | | Flaschenazetylen | |
mm	mm/min	Nr.	Nr.	l/m	l/h	l/m	l/h	l/m	l/h
5	450	1	1	35	950	10	267	10	270
8	400	1	1	45	1080	16	380	14	340
10	350	1	1	60	1250	20	420	18	380
15	320	2	1	100	1920	24	460	22	420
20	280	2	1	140	2350	30	500	28	470
25	250	3	1	210	3150	35	525	33	500
30	230	3	1	270	3750	45	620	40	550
40	210	3	1	390	4900	65	820	55	690
50	190	4	2	510	5800	75	860	70	800
60	180	4	2	800	8600	90	970	82	890
80	160	5	2	1250	12000	100	1050	100	960
100	140	5	2	1550	13000	130	1100	120	1000

Tabelle 25. Vorschubgeschwindigkeit beim
maschinellen Schneiden.

Werkstoff-dicke	Heizdüse Nr.		Schneid-düse	Mittlerer Sauerstoff-druck	Vorschub
	f. Aze-tylen	f. Leucht-gas			
mm			Nr.	atü	mm/min
4—5 6—7	1	1	1	3,1 3,6	460
8—9 10—11	1	1	1	3,2 3,8	370
12—15 16—21	1	1	2	3,6 4,2	300
22—27 28—37	1	1	3	4,1 4,8	240
38—52 53—69	2	1	4	4,5 5,6	190
70—84 85—100	2	1	5	5,2 6,8	150

Mit dem Schweißen verglichen — woselbst Sauerstoff- und Azetylenverbrauch normalerweise im Verhältnis 1:1 stehen, der Bedarf an beiden
Gasen also gleich groß und leicht zu ermitteln ist —, liegt der Sauerstoffverbrauch beim Brennschneiden naturgemäß erheblich höher und nimmt
proportional der Werkstoffdicke zu. Von den Tab. 20 und 23 ausgehend, kommt man zu folgender Übersicht:

Tabelle 26. Verhältniszahl zwischen
Sauerstoff- und Azetylenverbrauch
beim Brennschneiden. Azetylen = 1.

Blechdicke	Sauerstoff-verbrauch	Blechdicke	Sauerstoff-verbrauch
mm	ca.	mm	ca.
3	1 : 9	180	1 : 16
5	1 : 8	200	1 : 17
10	1 : 6	250	1 : 20
15	1 : 6	300	1 : 23
20	1 : 6	350	1 : 24
30	1 : 7	400	1 : 25,5
50	1 : 8	450	1 : 28
75	1 : 9	500	1 : 33
100	1 : 12	550	1 : 42
150	1 : 13	600	1 : 45

Einige von Wiss im frem-
den Großbetrieb angestellte
anschauliche Versuche in
der Reihenfertigung von

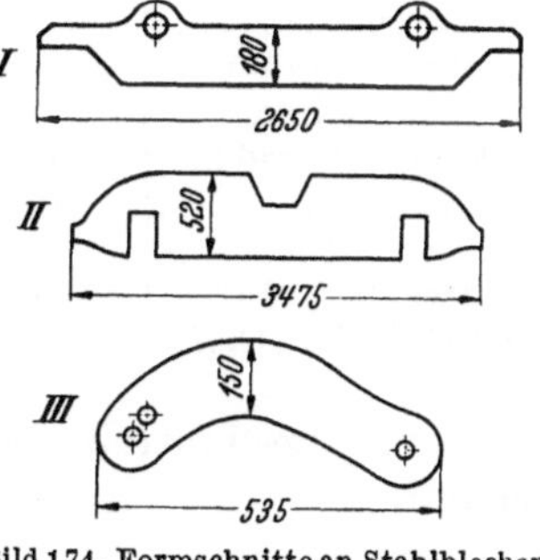

Bild 174. Formschnitte an Stahlblechen.

Formschnitten auf Schneidmaschinen sind in Bild 174 bemaßt dargestellt. I ist ein *Motorträger* aus 50 mm-Stahlblech mit einer Schnittlänge
von 3520 mm. Für das Schneiden und Hobeln mußten früher 290 Minuten

aufgewendet werden. Beim Brennschnitt nach Schablone einschließlich deren Anfertigung ergab sich eine Arbeitszeit von nur 35 Minuten.

Der mit *II* bezeichnete *Längsträger* aus 13 mm-Blech mit 7650 mm Schnittlänge, nach altem Verfahren geschnitten und geschliffen, erforderte 200 Minuten. Demgegenüber belief sich die Schnittdauer einschließlich Schablonenherstellung und -einstellung auf nur 65 Minuten.

Schließlich bringt *III* einen aus 30 mm-Stahlblech hergestellten *Hebel* mit 1260 mm Schnittlänge, dessen Schneiden nach Zeichnung 9 Minuten in Anspruch nahm. Für das Schneiden und Schleifen nach älteren Verfahren mußten für den gleichen Teil 43 Minuten aufgewandt werden.

Alle in den Tabellen und Schaubildern angegebenen Zeiten beziehen sich auf die reine Schneiddauer ohne Berücksichtigung der Nebenarbeiten und Rüstzeiten. Das Ergebnis langjähriger, überprüfter Kalkulationsunterlagen eines bedeutenden Maschinenbau-Großbetriebes betreffend die beim Schneiden anzusetzenden Rüstzeiten sind in Tab. 27 zusammengefaßt.

Tabelle 27. Rüstzeiten beim Brennschneiden.

Art der Arbeit	Längs-, Quer- u. Rundschnitte bis 600 mm bzw. 600 mm $\varnothing$ min	Schnitt nach			Rundschnitte mit Tischvorschub	
		Anriß min	Anschl. min	Schabl. min	bis 1 m $\varnothing$ min	über 1 m $\varnothing$ min
Orientierung über den Auftrag	1,00	1,00	1,00	1,00	1,00	1,00
Maschine säubern . .	0,70	0,70	0,70	0,70	1,00	2,00
Schneiddüse einsetzen	1,50	1,50	1,50	1,50	1,50	1,50
Anschlagstücke spann.	—	—	1,00	—	—	—
Schablone an- und abschrauben	—	—	—	1,50	—	—
Maschine einrichten .	—	—	0,50	—	—	—
Maschine schalten . .	1,00	1,00	1,00	1,00	3,00	3,00
Tischkranz auf- und abspannen . . . . . klein / groß	klein / groß	—	—	—	6,00 —	— 10,00
Rüstzeiten (t_r) . . .	4,20	4,20	5,70	5,70	12,50	17,50
Verlustzeiten (t_v) 15 %	0,63	0,63	0,85	0,85	1,87	2,62
Gesamtrüstzeiten (t_{rg})	4,83	4,83	6,55	6,55	14,37	20,12

Bei Schrägschnitten (Schweißkanten) sind zusätzlich zu berücksichtigen:

	t_r	t_v (15%)	t_{rg}
Brenner auf Winkel einstellen und wieder in Normalstellung bringen	3,00 min	0,45 min	3,45 min

Der für einige Nebenarbeiten notwendige Zeitaufwand ist aus nachfolgender Aufstellung zu ersehen.

Blechtafeln oder Reststücke auflegen

bis	0,5 kg	0,10 min	bis	5 kg	0,35 min	26—50 kg	2,00 min	
	1,0 „	0,15 „		7,5 „	0,42 „	51—80 „	4,00 „	
	2,0 „	0,20 „		10,0 „	0,50 „	über 80 „	5,00 „ (2 Mann)	
	3,0 „	0,25 „		11—20 „	0,75 „	über 200 „	6,00 „ (Kran)	
	4,0 „	0,30 „		21—25 „	1,00 „			

Zentrieren

bis	50 mm ⌀	0,50 min	bis	500 mm ⌀	2,00 min	bis	3000 mm ⌀	7,50 min	
	65 „ ⌀	0,65 „		750 „ ⌀	2,50 „		4000 „ ⌀	8,50 „	
	80 „ ⌀	0,80 „		1000 „ ⌀	3,00 „		5000 „ ⌀	11,00 „	
	100 „ ⌀	1,00 „		1250 „ ⌀	3,50 „		6000 „ ⌀	12,00 „	
	200 „ ⌀	1,25 „		1500 „ ⌀	4,00 „		8000 „ ⌀	14,00 „	
	300 „ ⌀	1,50 „		2000 „ ⌀	5,00 „		10 000 „ ⌀	16,00 „	
	400 „ ⌀	1,75 „							

Gerade Schnitte ausrichten

bis	100 mm lang	0,30 min	bis	2000 mm lang	2,00 min	
	250 „ „	0,50 „		3000 „ „	3,00 „	
	500 „ „	0,70 „		4000 „ „	4,00 „	
	1000 „ „	1,00 „		5000 „ „	5,00 „	
	1500 „ „	1,50 „				

Vorwärmen und Anschneiden

Blechdicke 3—5 mm	0,04 min	Bechdicke 30 mm	0,21 min			
8 „	0,06 „	40 „	0,28 „			
10 „	0,07 „	50 „	0,39 „			
20 „	0,14 „	80 „	0,56 „			
25 „	0,18 „	100 „	0,70 „			

Brenner an- und abstellen . . . . . . 0,20 min
Brenner vor- und zurückführen . . . 0,20 „
Unterbrechung an Ecken . . . . . . 0,10 „
Brenner schräg einstellen und wieder in } Als Nebenzeiten einsetzen, wenn
  Normalstellung bringen . . . . . . 3,00 „ } sich während des Arbeitsganges
Schneiddüse auswechseln. . . . . . . 1,50 „ } die Notwendigkeit hierzu ergibt.

2. Profilschnitte.

Die Schneidzeiten für von Hand ausgeführte Gerad- und Gehrungsschnitte an Walzstahlprofilen anzugeben, ist nur angenähert möglich, da
durch die Stellung und die Lage, in welcher der Schnitt zu führen ist,
beträchtliche Abweichungen in den Schneidzeiten auftreten. Als Richtwerte für normale Handschnitte können die der Tab. 28 gelten.

Mit dem in Bild 38 gezeigten Schneidmotor ausgeführte Schnitte
an I-Trägern ergaben die aus Tab. 29 ersichtlichen Schneidzeiten.

3. Sauerstoff- und Fugenhobeln.

Sauerstoffhobeln. Der Sauerstoffverbrauch beim Hobeln beträgt entsprechend einer Leistung von 2—5 m/min 25—50 m³/h, wobei eine Druck-

Tabelle 28. Schneidzeiten für Profilstähle.

Quadrat- und Rundstahl in mm	20	30	40	50	60	70	80	100
Schneidzeit in min	0,7	0,9	1,3	1,8	2,5	3,5	4,0	5,8
Gleichschenkliger u. T-Stahl in mm	20/20	30/30	40/40	50/50	60/60	70/70	80/80	100/100
Schneidzeit in min	0,4	0,7	0,8	0,9	1,0	1,1	1,4	1,7
Gehrungsschnitte, Schneidzeit in min	0,5	0,8	0,9	1,0	1,1	1,2	1,5	1,8
U- und Z-Stahl NP	6	8	10	12	14	16	20	24
Schneidzeit in min	1,1	1,3	1,4	1,6	1,8	2,0	3,0	4,2
Gehrungsschnitte, Schneidzeit in min	1,9	2,0	2,2	2,8	3,1	3,4	4,1	6,1
I-Träger NP	8	10	14	18	20	24	28	30
Schneidzeit in min	1,5	1,8	2,5	3,5	3,8	4,1	5,3	6,2
Gehrungsschnitte Schneidzeit in min	2,5	3,0	4,8	5,2	6,0	6,8	7,2	7,8
Rohre (wenn drehbar) (nahtloses Gasrohr)	1″	1,5″	2″	2,5″	3″	100 ⌀	150 ⌀	200 ⌀
Schneidzeit in min	1,0	1,8	2,0	2,5	2,8	3,1	3,8	5,5

Tabelle 29. Schneidzeiten für I-Träger.

I-Träger NP	Schneidzeiten in Min. u. Sek.
16	4′ 10″
22	4′ 30″
28	4′ 50″
30	5′ 10″
40	5′ 40″
50	6′ 30″
60	7′ 20″

einstellung auf 4—12 atü und eine Rillenbreite von 20—35 mm angenommen ist. Der Azetylenbedarf beträgt etwa 1,2 m³/h.

Fugenhobeln. Ohne Berücksichtigung der für das Anwärmen, Putzen und die übrigen Nacharbeiten aufzuwendenden Zeiten, also für die reine Schneidzeit, können die folgenden Werte als Richtlinien gelten:

Schnittgeschwindigkeit 1,2 min/m (mit obigen Nebenzeiten 3,5 min/m)

Sauerstoffbedarf 2,8—17 m³/h,

Azetylenbedarf 0,7—2,0 m³/h je nach gewählter Düsengröße,

Sauerstoffdruck 4—6 atü.

Leistungsdaten und Gasverbrauchsziffern für das Fugenhobeln an 10 und 20 mm-Blechen mit den Düseneinsätzen I—III sind in Tab. 30 zusammengefaßt und auch die Rillenbreiten und -tiefen angegeben.

4. Verschrotten.

Die beim Verschrotten ermittelten Leistungswerte und Gasverbrauchsziffern sind außerordentlichen Schwankungen unterworfen, was erklärlich ist, wenn man die Verschiedenheit des Schrottanfalls in Betracht zieht. JANSEN[1] hat auf Grund von Großversuchen und praktischen Er-

<hr>

[1] JANSEN: Brennschneiden in Verschrottungsbetrieben. Schweißen und Schneiden Heft 11, 1949.

Tabelle 30. Leistungen und Gasverbrauch beim Fugenhobeln.

Blechdicke	Sauerstoff-druck	Sauerstoff-Verbrauch l/h für Düseneinsatz			Azetylen-verbrauch	Düseneinsatz-Größen (I—III)									
						I Rillen-		Vorschub	II Rillen-		Vorschub	III Rillen-		Vorschub
		I	II	III		breite mm	tiefe mm	mm/min	breite mm	tiefe mm	mm/min	breite mm	tiefe mm	mm/min
mm	atü				l/h									
10	4	3050	5250	8750	750	6	3	650	10	4	850	—	—	—
	4	—	—	—	—	8	4	450	12	5	600	—	—	—
	5	3700	6400	10900	900	6	3	850	10	4	1100	15	6	1600
	5	—	—	—	—	8	5	600	12	6	750	17	8	1200
	6	4350	7550	13050	1050	6	4	1000	10	5	1300	15	7	1900
	6	—	—	—	—	8	5	700	12	6	900	17	8	1400
20	4	3050	5250	8750	700	—	—	—	9	4	800	—	—	—
	4	—	—	—	—	—	—	—	11	5	550	—	—	—
	5	3700	6400	10900	900	5	3	750	9	4	1000	14	6	1200
	5	—	—	—	—	7	5	500	11	6	650	16	8	800
	6	4350	7550	13050	1050	5	4	900	9	5	1200	14	7	1500
	6	—	—	—	—	7	5	600	11	6	800	16	8	1000

Bei guter Übung lassen sich schneiden: mit Düseneinsatz II Rillen bis 10 mm Tiefe ⎱ in einem Arbeitsgang.
III „ „ 12 mm „ ⎰

fahrungswerten die in Tab. 31 aufgeführten Mittelwerte erzielt, die sich — soweit sie sich auf Konstruktions- und Geschützschrott erstrecken — mit den Erfahrungen des Verfassers beim Zerlegen einiger Tausend Tonnen Stahl decken. Die angegebenen Leistungen beziehen sich auf reine Schneidzeiten ohne Transport- und Verladezeiten.

Tabelle 31. Leistungswerte bei Verschrottungsarbeiten.

Schrottart	Tagesleistung je Mann in t	Sauerstoffverbrauch je Mann u. Tag in m³
Schiffsschrott, leicht	1,5	18,4
Schiffsschrott 5—10 mm	1,9	16,8
6—13 mm	2,0	15,7
15—20 mm	2,0	17,0
Konstruktionsschrott 20 mm, mit Teer und Farbanstrich	9,6	15,3
Konstruktionsschrott, 40 mm, wie vor	11,2	23,0
Klein- und Mittelschrott 25—50 mm.	10—12	25,0
Konstruktionsschrott, 60 mm, stark verrostet . .	12,0	46,0
Konstruktionsschrott, 80 mm, wie vor	25,0	61,0
Geschützschrott, 300 mm	13,2	46,0
Grobschrott, 100 mm, stark verrostet	29,0	77,0

5. Unterwasserschneiden.

Die Schnittleistung hängt von der Durchsichtigkeit des Wassers, der Zugänglichkeit der Schnittstelle, von der Brennerbauart, der Gasart und der Geschicklichkeit des Tauchers ab und beträgt 40—80 % jener des Überwasserschneidens bei rund 5fachem Gasverbrauch. Die Schnittflächen sind verhältnismäßig sauber und meist nach unten etwas verjüngt. Die Fugenbreite liegt um 30—50 % höher als beim Schneiden an der Luft.

Auf das bevorzugte Schneiden mit Benzin bezogen, kann man, da fast alle Werkstoffdicken mit dem gleichen Brenner geschnitten werden, einen angenähert konstanten Gasverbrauch für alle Schnittdicken annehmen. Er liegt bei 30—35 m³/h für Sauerstoff und bei 20—40 l/h für Benzin. Umgerechnet auf einen Meter Schnitt beträgt der Gasverbrauch etwa 1,2 m³ Sauerstoff und 0,8 l Benzin bei 10 mm Schnittdicke und bei 100 mm etwa 12 m³ Sauerstoff und 10—15 l Benzin.

Die Schneidzeiten entsprechen im Mittel denen der Tab. 32.

Tabelle 32. Leistungen beim Unterwasserschneiden.

Blechdicke in mm . .	10	20	30	50	75	100
min je m Schnitt . .	3	6	8	13	18	24

Sachverzeichnis